高等学校机电工程类"十三五"规划教材

机 械 制 图

主 编 许宝卉

副主编 倪 娟 张 洁

参 编 董 芬 张慧鹏

内 容 简 介

本书是根据高等学校应用型人才的培养目标和要求，依据教育部高等学校工程图学指导委员会 2005 年制定的《高等学校本科工程图学课程教学要求》及近年来新颁布的有关制图国家标准，结合作者近十年的制图教学实践和改革经验编写而成的。

本书共 10 章，主要内容包括：制图的基本知识与技能、投影基础、基本立体、立体表面的交线、轴测图、组合体、机件常用的表达方法、标准件和常用件、零件图、装配图等并配有习题集。本书内容全面，简单易懂，注重工程实际应用，有助于培养适应社会发展需要的、素质全面的新型机械工程建设人才。

本书可作为应用型本科院校机械类以及近机械类专业教材，也可供相关技术人员参考。

图书在版编目(CIP)数据

机械制图 / 许宝卉主编. —西安：西安电子科技大学出版社，2019.6

ISBN 978-7-5606-5118-7

Ⅰ. ① 机…　Ⅱ. ① 许…　Ⅲ. ① 机械制图　Ⅳ. ① TH126

中国版本图书馆 CIP 数据核字(2019)第 007004 号

策划编辑　刘统军
责任编辑　马武装
出版发行　西安电子科技大学出版社(西安市太白南路 2 号)
电　　话　(029)88242885　88201467　邮　　编　710071
网　　址　www.xduph.com　　　　电子邮箱　xdupfxb001@163.com
经　　销　新华书店
印刷单位　咸阳华盛印务有限责任公司
版　　次　2019 年 6 月第 1 版　　2019 年 6 月第 1 次印刷
开　　本　787 毫米×1092 毫米　1/16　印　张　16.5
字　　数　389 千字
印　　数　1～3000 册
定　　价　39.00 元

ISBN 978-7-5606-5118-7 / TH

XDUP　5420001-1

如有印装问题可调换

前　言

　　本书是根据高等学校应用型人才的培养目标和要求，依据教育部高等学校工程图学指导委员会 2005 年制定的《高等学校本科工程图学课程教学要求》及近年来新颁布的有关制图国家标准，结合作者近十年的制图教学实践和改革经验编写而成的。

　　本书共分 10 章，主要内容有制图的基本知识与技能、投影基础、基本立体、立体表面的交线、轴测图、组合体、机件常用的表达方法、标准件和常用件、零件图、装配图等。

　　本书按照高等学校应用型人才的培养模式要求，坚持以应用为目的，精简投影理论内容，增加大量工程图，强调工程实际应用。整个教材体系符合应用型本科的教学要求与教学特色。书中的文字叙述详尽、通俗，便于学生自学；插图力求清晰、醒目，对较复杂的投影图附加了立体图，便于学生空间想象力的培养。

　　本书含《机械制图习题集》，内容较为充实，题型多，题量大，为教师教学及学生练习提供了较多选择。

　　本书由运城学院机电工程系"机械制图"课程建设团队负责编写，许宝卉教授担任主编并编写了第 1 章，倪娟担任副主编并编写了第 3 章、第 9 章和第 10 章，张洁担任副主编并编写了第 2 章和第 6 章，董芬编写了第 4 章、第 5 章和第 7 章，张慧鹏编写了第 8 章及附录。

　　限于编者水平有限，书中不妥之处望广大读者谅解并指正。

编　者
2019 年 3 月

目　　录

第1章　制图的基本知识与技能 1
1.1　国家标准《技术制图》和
　　　《机械制图》的有关规定 1
　　1.1.1　图纸幅面和格式
　　　　　 (GB/T 14689—2008) 1
　　1.1.2　比例 4
　　1.1.3　字体(GB/T 14691—1993) 5
　　1.1.4　图线(GB 17450—1998、
　　　　　 GB 4457.4—2002) 8
　　1.1.5　尺寸注法(GB/T 4458.4—2003) 10
1.2　尺规作图 16
　　1.2.1　常用绘图工具的种类及使用方法 16
　　1.2.2　几何作图 20
1.3　画草图 27
第2章　投影基础 29
2.1　投影基础 29
　　2.1.1　投影法的基本概念 29
　　2.1.2　投影法的种类及特性 29
　　2.1.3　三视图的形成及投影规律 31
2.2　点的投影 34
　　2.2.1　三投影面体系中点的投影 34
　　2.2.2　特殊位置点的投影 35
　　2.2.3　空间两点的相对位置 36
2.3　直线的投影 38
　　2.3.1　空间任意一直线在一投影面的
　　　　　 投影 38
　　2.3.2　空间任意一直线在三投影面的
　　　　　 投影 38
　　2.3.3　一般位置直线的实长及与
　　　　　 投影面的夹角 42
　　2.3.4　空间点与直线的位置关系及投影 43
　　2.3.5　空间两直线之间的位置
　　　　　 关系及投影 44
2.4　平面的投影 46

2.4.1　平面的表示方法 46
2.4.2　平面的投影 47
2.4.3　平面上的点和线 50
2.5　空间直线与平面以及平面与平面的
　　　相对位置 52
　　2.5.1　平行 52
　　2.5.2　相交 54
第3章　基本立体 56
3.1　平面立体的投影 56
　　3.1.1　棱柱 56
　　3.1.2　棱锥 58
3.2　回转体的投影 59
　　3.2.1　圆柱 59
　　3.2.2　圆锥 61
　　3.2.3　圆球 62
第4章　立体表面的交线 64
4.1　截交线 64
　　4.1.1　截交线的基本概念 64
　　4.1.2　截交线的性质 65
　　4.1.3　平面立体的截交线 65
　　4.1.4　曲面立体的截交线 66
4.2　相贯线 73
　　4.2.1　相贯线的概念 73
　　4.2.2　相贯线的基本性质 73
　　4.2.3　相贯线的求法 74
　　4.2.4　相贯线的特殊情况 78
　　4.2.5　相贯线的变化趋势 79
　　4.2.6　复合相贯线 81
第5章　轴测图 83
5.1　轴测图的基本知识 83
　　5.1.1　轴测图的形成 83
　　5.1.2　轴间角和轴向伸缩系数 83
　　5.1.3　轴测图的分类 84
　　5.1.4　轴测图的基本性质 84

5.2　正等轴测图 85
　5.2.1　正等轴测图的形成 85
　5.2.2　正等轴测图的参数 85
　5.2.3　正等轴测图的画法 86
5.3　斜二轴测图 91
　5.3.1　斜二轴测图的形成 91
　5.3.2　斜二轴测图的参数 92
　5.3.3　斜二轴测图的画法 92
5.4　轴测图的选择 94
　5.4.1　轴测图的选择原则 94
　5.4.2　两种轴测图优缺点比较 94
5.5　轴测剖视图的画法 95
　5.5.1　轴测图的剖切方法 96
　5.5.2　剖面线的画法 96
　5.5.3　轴测剖视图的画法 97
5.6　轴测草图的画法 97
　5.6.1　常见轴测草图的画法 98
　5.6.2　平面图形的轴测草图画法 98
　5.6.3　轴测草图画法举例 99
第6章　组合体 101
6.1　组合体的构成 101
　6.1.1　组合形式及形体分析法 101
　6.1.2　线面分析法 102
　6.1.3　组合体的表面连接关系 104
6.2　画组合体三视图 105
　6.2.1　叠加式组合体三视图的画法 105
　6.2.2　切割式组合体三视图的画法 108
6.3　读组合体三视图 109
　6.3.1　读图应注意的几个问题 110
　6.3.2　读组合体三视图的基本方法 112
6.4　组合体的尺寸标注 116
　6.4.1　尺寸标注的要求 116
　6.4.2　组合体的尺寸标注方法和步骤 122
第7章　机件常用的表达方法 124
7.1　视图 124
　7.1.1　基本视图 124
　7.1.2　向视图 126
　7.1.3　局部视图 126
　7.1.4　斜视图 127

7.2　剖视图 128
　7.2.1　剖视图的基本概念 128
　7.2.2　剖视图的画法 130
　7.2.3　剖视图的种类 133
　7.2.4　剖切面的种类 138
7.3　断面图 143
　7.3.1　断面图的概念 143
　7.3.2　断面图的种类 144
7.4　其他表达方法 147
　7.4.1　局部放大图 147
　7.4.2　常用的规定画法和简化画法 149
7.5　机件的各种表达方法综合应用举例 154
7.6　第三角画法简介 156
第8章　标准件和常用件 160
8.1　螺纹 160
　8.1.1　螺纹的形成和结构 160
　8.1.2　螺纹的要素 161
　8.1.3　螺纹的种类 163
　8.1.4　螺纹的规定标注 163
　8.1.5　螺纹的规定画法 165
8.2　螺纹紧固件 168
　8.2.1　常用螺纹紧固件的种类、
　　　　　用途及其规定标记 168
　8.2.2　单个螺纹紧固件的画法 170
　8.2.3　螺纹紧固件的连接画法 171
　8.2.4　螺纹的测绘 173
8.3　键连接和销连接 173
　8.3.1　键连接 173
　8.3.2　销连接 175
8.4　滚动轴承 176
　8.4.1　滚动轴承的结构及分类 176
　8.4.2　滚动轴承的代号 177
　8.4.3　滚动轴承的画法 178
8.5　齿轮 180
　8.5.1　齿轮的作用及分类 180
　8.5.2　齿轮的基本参数和基本尺寸间的
　　　　　关系 180
　8.5.3　齿轮的规定画法 185
　8.5.4　齿轮的测绘 188

8.6 弹簧 189
  8.6.1 弹簧的类型及功用 189
  8.6.2 圆柱螺旋压缩弹簧各部分的
      名称及尺寸关系 189
  8.6.3 圆柱螺旋压缩弹簧的规定
      画法、标记和工作图 190

第9章 零件图 192
9.1 零件图的内容 193
9.2 零件图的视图选择 193
  9.2.1 视图选择的原则 193
  9.2.2 主视图的选择 193
  9.2.3 其他视图的选择 195
9.3 几种典型零件的视图 195
  9.3.1 轴套类零件 195
  9.3.2 轮盘盖类零件 196
  9.3.3 叉架类零件 199
  9.3.4 箱体类零件 200
9.4 零件图的尺寸标注 203
  9.4.1 尺寸基准的选择 203
  9.4.2 标注尺寸应注意的几个问题 ... 204
9.5 零件图上的技术要求 205
  9.5.1 表面粗糙度 206
  9.5.2 尺寸公差与配合 210
  9.5.3 形状与位置公差 215
  9.5.4 材料热处理及表面处理 217
9.6 读零件图 217

9.6.1 阅读零件图的目的及要求 217
9.6.2 阅读零件图的方法和步骤 218

第10章 装配图 220
10.1 装配图的作用和内容 220
10.2 装配图的视图表达方法 221
  10.2.1 装配图视图的选择 221
  10.2.2 装配图上的规定画法 221
  10.2.3 装配图上的特殊画法 223
  10.2.4 装配图上的简化画法 225
10.3 装配图的尺寸标注和技术要求 225
  10.3.1 装配图中的尺寸标注 225
  10.3.2 装配图中的技术要求 226
10.4 装配图的零部件序号和明细栏的
    基本要求 226
  10.4.1 零件序号的编排方法 226
  10.4.2 明细栏 227
10.5 装配工艺结构简介 228
10.6 部件测绘和装配图的画法 230
  10.6.1 部件测绘的意义 230
  10.6.2 部件测绘的步骤 230
  10.6.3 装配图的画法 233
10.7 读装配图及由装配图拆画零件图 ... 235
  10.7.1 读装配图 235
  10.7.2 由装配图拆画零件图 236

附录 239

第1章　制图的基本知识与技能

制图的基本知识包括国家标准《技术制图》、《机械制图》的有关规定和基本的几何作图方法以及平面图形的基本画法、尺寸标注。

1.1　国家标准《技术制图》和《机械制图》的有关规定

标准编号是由标准代号、标准顺序号和批准的年号构成的。强制性国家标准代号是"GB"，它是中文"国标"两字汉语拼音"Guo Biao"的第一个字母；推荐性国家标准代号是"GB/T"，其中"T"是"推"字的汉语拼音"Tui"的第一个字母。

1.1.1　图纸幅面和格式(GB/T 14689—2008)

1.图纸幅面

绘制技术图样时，应优先采用表 1-1 所规定的基本幅面，必要时也允许选用表 1-2 和表 1-3 所规定的加长幅面。加长幅面的尺寸是由基本幅面的短边成整数倍增加后得出的，如图 1-1 所示。

表 1-1　基本幅面(第一选择)　　　　　　　mm

幅面代号	尺寸 $B \times L$
A0	841×1189
A1	594×841
A2	420×594
A3	297×420
A4	210×297

表 1-2　加长幅面(第二选择)　　　　　　　mm

幅面代号	尺寸 $B \times L$
A3 × 3	420×891
A3 × 4	420×1189
A4 × 3	297×630
A4 × 4	297×841
A4 × 5	297×1051

表 1-3　加长幅面(第三选择)

mm

幅面代号	尺寸 $B \times L$
A0 × 2	1189 × 1682
A0 × 3	1189 × 2523
A1 × 3	841 × 1783
A1 × 4	841 × 2378
A2 × 3	594 × 1261
A2 × 4	594 × 1682
A2 × 5	594 × 2102
A3 × 5	420 × 1486
A3 × 6	420 × 1783
A3 × 7	420 × 2080
A4 × 6	297 × 1261
A4 × 7	297 × 1471
A4 × 8	297 × 1682
A4 × 9	297 × 1892

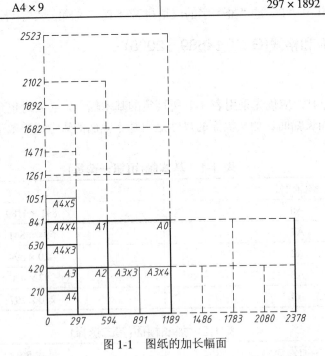

图 1-1　图纸的加长幅面

2. 图框格式

　　图框是图纸上限定绘图范围的线框。图样均应绘制在用粗实线画出的图框内，其格式分为不留装订边和留有装订边两种，但同一产品的图样只能采用一种格式。

　　不留装订边的图纸，其图框格式如图 1-2 所示，留装订边的图纸，其图框格式如图 1-3 所示，两种格式的图框尺寸见表 1-4。加长格式的图框尺寸，按照比所选用的基本幅面大一号的图纸的图框尺寸来确定。

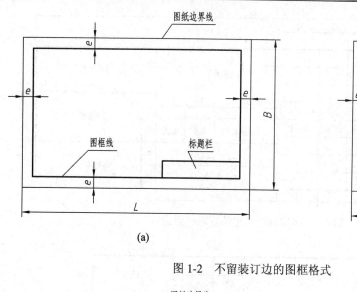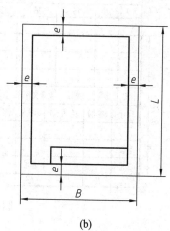

(a)　　　　　　　　　　　　　　　　　　　　(b)

图 1-2　不留装订边的图框格式

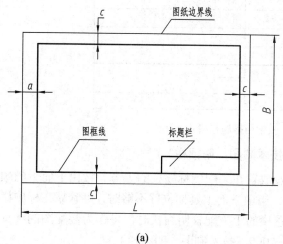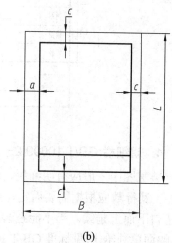

(a)　　　　　　　　　　　　　　　　　　　　(b)

图 1-3　留装订边的图框格式

表 1-4　基本幅面的图框尺寸

mm

幅面代号	A0	A1	A2	A3	A4
尺寸 $B \times L$	841×1189	594×841	420×594	297×420	210×297
c	10			5	
a	25				
e	20		10		

3. 标题栏(GB/T 10609.1—2008《技术制图　标题栏》)

为了绘制出的图样便于管理及查阅，每张图都必须添加标题栏。通常标题栏应位于图框的右下角，并且看图方向应与标题栏的方向一致，如图 1-2、图 1-3 所示。《技术制图　标题栏》中规定了两种标题栏的格式，如图 1-4 和图 1-5 所示。其中前一种为推荐使用的国标格式，学生制图作业中常采用后一种格式。

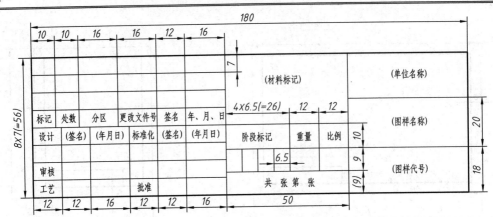

图 1-4　国家标准规定的标题栏格式

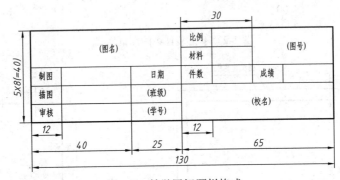

图 1-5　教学用标题栏格式

4. 明细栏(GB/T 10609.2—2009《技术制图　明细栏》)

装配图中一般应有明细栏,并且一般放置在装配图标题栏的上方。按由下而上的顺序填写,其行数应根据需要而定,见图 1-6。当由下而上延伸位置不够时,可紧靠在标题栏的左边自下而上延续。当不能在装配图标题栏的上方配置明细栏时,可作为装配图的续页按 A4 幅面单独给出(见标准 GB/T 10609.2—2009《技术制图　明细栏》)

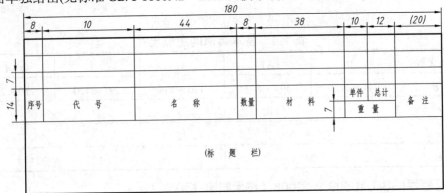

图 1-6　明细栏

1.1.2　比例

图样及技术文件中的比例是指图形与其实物相应要素的线性尺寸之比。需要按比例绘制图样时，应从表 1-5 规定的系列中选取适当的比例。必要时也可选取表 1-6 中的比例。

表 1-5 优先选择比例

种 类	比 例		
原值比例	1:1		
放大比例	5:1 $5 \times 10^n : 1$	2:1 $2 \times 10^n : 1$	$1 \times 10^n : 1$
缩小比例	1:2 $1:2 \times 10^n$	1:5 $1:5 \times 10^n$	1:10 $1:1 \times 10^n$

注：n 为正整数。

表 1-6 比 例

种 类	比 例				
放大比例	4:1 $4 \times 10^n : 1$	2.5:1 $2.5 \times 10^n : 1$			
缩小比例	1:1.5 $1:1.5 \times 10^n$	1:2.5 $1:2.5 \times 10^n$	1:3 $1:3 \times 10^n$	1:4 $1:4 \times 10^n$	1:6 $1:6 \times 10^n$

注：n 为正整数。

1.1.3 字体(GB/T 14691—1993)

(1) 基本要求：字体工整、笔画清楚、间隔均匀、排列整齐。

(2) 字体高度(用 h 表示)的公称尺寸系列有：1.8，2.5，3.5，5，7，10，14，20 mm。如需要书写更大的字，其字体高度应按 $\sqrt{2}$ 的比率递增。字体的高度代表字体的号数。

(3) 汉字应写成长仿宋体字，应采用《汉字简化方案》中规定的简化字。汉字的高度 h 应不小于 3.5 mm，其字宽一般为 $h/\sqrt{2}$。

(4) 字母和数字分 A 型和 B 型。A 型字体的笔画宽度 d 为字高 h 的 1/14，B 型字体的笔画宽度 d 为字高 h 的 1/10。

在同一图样上，只允许选用一种型式的字体。

(5) 字母和数字可写成斜体和直体。斜体字字头向右倾斜，与水平基准线成 75°。

(6) 汉字、拉丁字母、希腊字母、阿拉伯数字和罗马数字等组合书写时，其排列格式和间距应符合图 1-7、图 1-8 的规定。

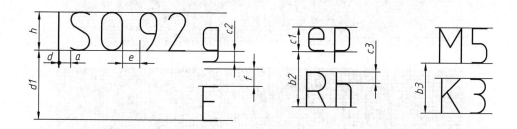

图 1-7 字体排列格式

图 1-8 字体排列间距

长仿宋体汉字举例：

字体工整　笔画清楚　间隔均匀　排列整齐

A 型字体：

B 型字体：

其他应用举例：

10^3　S^{-1}　D_1　T_d

$\phi 20^{+0.010}_{-0.023}$　$7^{+1°}_{-2°}$　$\dfrac{3}{5}$

$10Js5(\pm 0.003)$　$M24-6h$

$\phi 25\dfrac{H6}{m5}$　$\dfrac{II}{2:1}$　$\dfrac{A\text{向旋转}}{5:1}$

$\dfrac{6.3}{\nabla}$　$R8$　5%　$\dfrac{3.50}{\nabla}$

1.1.4　图线(GB 17450—1998、GB 4457.4—2002)

1. 线型

国家标准 GB 17450—1998 规定技术制图中常用线型有 15 种。机械制图中常用线型有 8 种，如表 1-7 所示。

表 1-7　机械制图常用线型

图线名称	图线型式	图线宽度	一般应用
粗实线	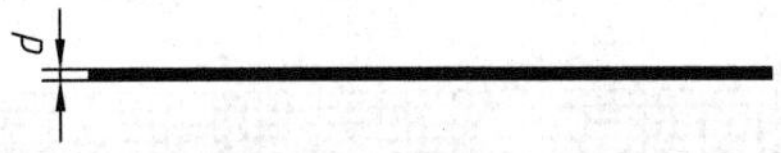	d	可见轮廓线、可见过渡线
细实线		约 $d/2$	尺寸线、尺寸界线、剖面线、引出线及重合断面轮廓线等
波浪线		约 $d/2$	断裂处的边界线、局部剖视中视图与剖视的分界线等
双折线	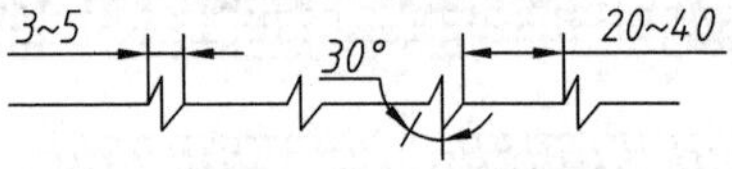	约 $d/2$	断裂处的边界线
细虚线	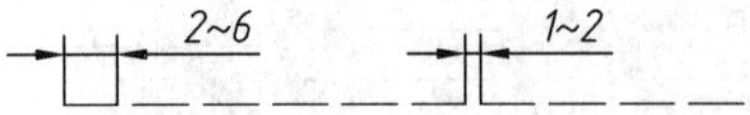	约 $d/2$	不可见轮廓线、不可见相贯线、不可见过渡线
细点画线		约 $d/2$	轴线、对称中心线等
细双点画线	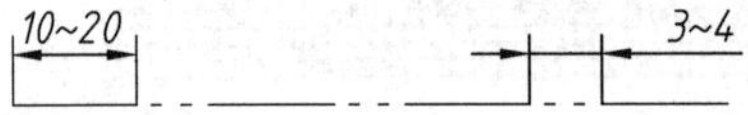	约 $d/2$	极限位置的轮廓线、相邻辅助零件的轮廓线等
粗点画线	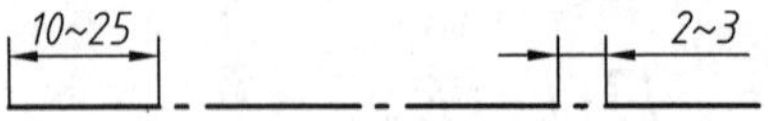	d	有特殊要求的线或表面的表示线

2. 线宽

在机械图样中常用粗细两种线宽，它们之间的比例为 2∶1。

粗线线宽选择序列为：0.25、0.35、0.5、0.7、1、1.4、2。

对应的细线线宽序列为：0.13、0.18、0.25、0.35、0.5、0.7、1。为了保证图样清晰易读，便于复制，图样上尽量避免出现线宽小于 0.18 mm 的图线。

3. 图线的画法

(1) 同一图样中，同类图线的宽度应保持基本一致。虚线、点画线及双点画线的长画长度和间隔距离应大致相同。

(2) 点画线和双点画线中的点应是极短的一条横线(长约 1 mm)，不应画成小圆点，绘制时应按长画、点的顺序画出；点画线和双点画线的首末两端应是长画而不是点，并超出图形轮廓线 2～5 mm。

(3) 图线相交时，都应与长画相交而不是与点或间隔相交。例如，在画圆的中心线时，圆心应是长画的交点。

(4) 当图形较小时，允许用细实线代替细点画线。

(5) 两平行线(含剖面线)之间的距离应不小于粗实线的两倍宽度，其最小距离不得小于 0.7 mm。

(6) 当虚线位于粗实线的延长线上时，粗实线应画到分界点，而虚线应留有间隙；当虚线圆弧和虚线直线相切时，虚线圆弧的长画应画到切点，而虚线直线留有间隙，如图 1-9 所示。

(7) 当各种线重合时，按可见轮廓线→不可见轮廓线→尺寸线→各种用途的细实线→轴线和对称中心线→假想线的顺序，只画出排列在前的图线。

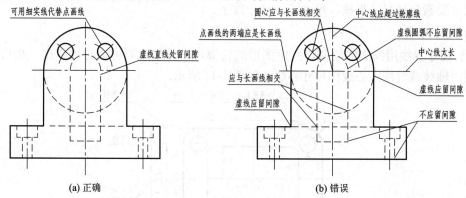

(a) 正确　　　　　　　　　　　　　(b) 错误

图 1-9　图线画法示例(一)

4．图线的应用

机械制图上图线的应用示例如图 1-10 所示。

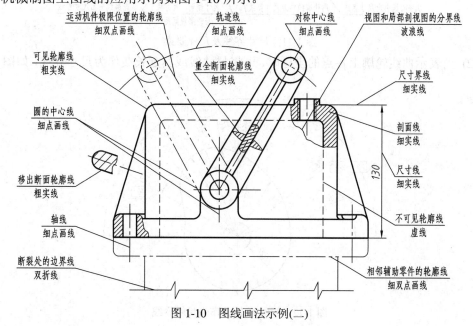

图 1-10　图线画法示例(二)

1.1.5　尺寸注法(GB/T 4458.4—2003)

1. 尺寸注法的基本规则

(1) 机件的真实大小应以图样上所注的尺寸数值为依据，与图形的大小及绘图的准确度无关。

(2) 图样中(包括技术要求和其他说明)的尺寸，以毫米为单位时，不需标注单位符号(或名称)，如采用其他单位，则应注明相应的单位符号。

(3) 图样中所注的尺寸，为该图样所示机件的最后完工尺寸，否则应另加说明。

(4) 机件的每一尺寸，一般只标注一次，并应标注在反映该结构最清晰的图形上。

2. 尺寸要素

尺寸要素包括尺寸界线、尺寸线、尺寸数字。

1) 尺寸界线

(1) 尺寸界线用细实线绘制，并由图形的轮廓线、轴线或对称中心线引出，也可利用轮廓线、轴线或对称中心线作尺寸界线，如图 1-11 所示。

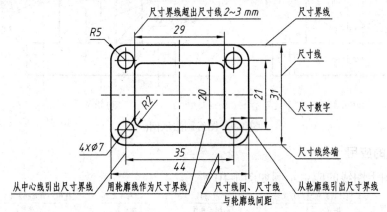

图 1-11　尺寸界线及尺寸要素

(2) 当表示曲线轮廓上各点的坐标时，可将尺寸线或其延长线作为尺寸界线，如图 1-12 所示。

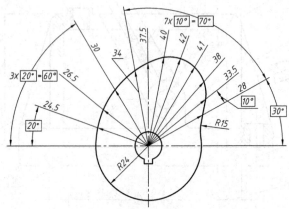

图 1-12　尺寸线延长作为尺寸界线

(3) 尺寸界线一般应与尺寸线垂直,必要时才允许倾斜,如图 1-13(a)所示。

(4) 在光滑过渡处标注尺寸时,应用细实线将轮廓线延长,从它们的交点处引出尺寸界线,如图 1-13(b)所示。

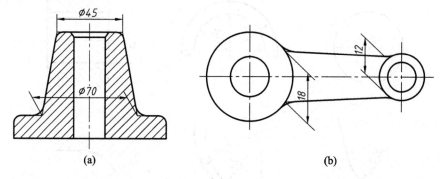

图 1-13　尺寸界线

(5) 标注角度的尺寸界线应沿径向引出;标注弦长的尺寸界线应平行于该弦的垂直平分线;标注弧长的尺寸界线应平行于该弧所对圆心角的角平分线,如图 1-14 所示。

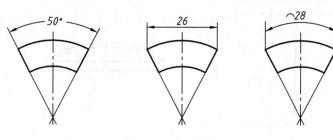

图 1-14　角度标注

2) 尺寸线

尺寸线用细实线绘制,其终端可以有两种形式。

箭头:箭头的形式如图 1-15(a)所示,机械图样中一般采用箭头作为尺寸线的终端。

斜线:斜线用细实线绘制,方向和画法如图 1-15(b)所示,当尺寸线的终端采用斜线形式时,尺寸线与尺寸界线应相互垂直。

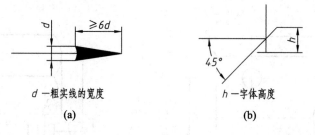

图 1-15　箭头绘制

(1) 当尺寸线与尺寸界线相互垂直时,同一张图样中只能采用一种尺寸线终端的形式。

(2) 标注线性尺寸时,尺寸线应与所标注的线段平行。

尺寸线不能用其他图线代替,一般也不得与其他图形重合或画在其延长线上。

(3) 圆的直径和圆弧半径的尺寸线的终端应画成箭头,并按图 1-16 所示的方法标注。

当圆弧的半径过大或在图纸范围内无法标出其圆心位置时,可按图 1-17(a)形式标注。当不需要标出其圆心位置时,可按图 1-17(b)的形式标注。

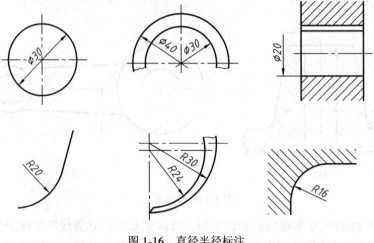

图 1-16 直径半径标注

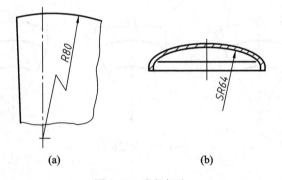

(a)　　　　　　　(b)

图 1-17 半径标注

(4) 标注角度时,尺寸线应画成圆弧,其圆心是该角的顶点,如图 1-14 所示。

(5) 当对称机件的图形只画出一半或略大于一半时,尺寸线应超过对称中心线或断裂处的边界,此时仅在尺寸线的一端画出箭头。如图 1-18 所示,对称机件的尺寸线只画一个箭头。

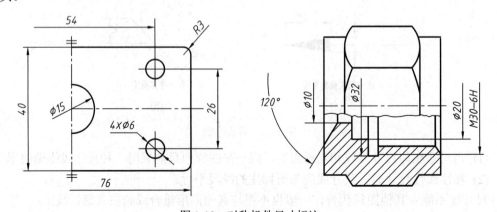

图 1-18 对称机件尺寸标注

(6) 在没有足够的位置画箭头或注写数字时，可按图 1-19 的形式标注，此时，允许用圆点或斜线代替箭头。

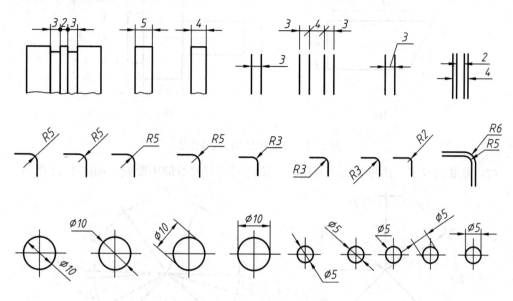

图 1-19　小尺寸的标注方法

3) 尺寸数字

(1) 线性尺寸数字的方向，有以下两种注写方法。一般采用方法 1。

方法 1：数字应按图 1-20(a)所示的方向注写，并尽可能避免在图示 30° 范围内标注尺寸，当无法避免时，可按图 1-20(b)的形式标注。

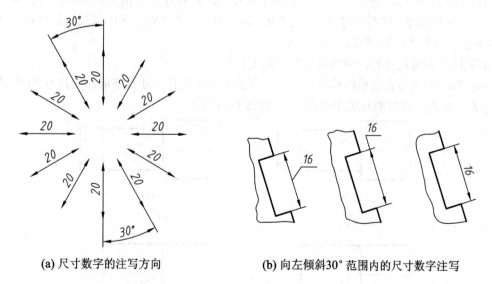

(a) 尺寸数字的注写方向　　　　　　　　(b) 向左倾斜30° 范围内的尺寸数字注写

图 1-20 数字标注方法

方法 2：对于非水平方向的尺寸，其数字可水平地注写在尺寸线的中断处，如图 1-21 所示。

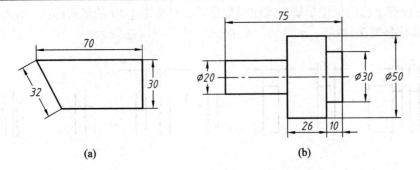

图 1-21　非水平方向的尺寸注法

(2) 角度的数字一律写成水平方向，一般注写在尺寸线的中断处，如图 1-22 所示。

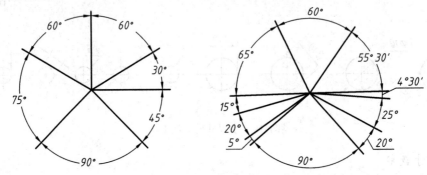

图 1-22　角度数字注写位置

(3) 尺寸数字不可被任何图线所通过，否则应将该图线断开。

(4) 注写直径时，应在尺寸数字前加注符号"ϕ"；标注尺寸数字前加注符号；标注球面的直径或半径时，应在符号"ϕ"或"R"前再加注符号"S"；标注弧长时，应在尺寸数字左方加注符号"⌒"，如图 1-14 所示。

(5) 标注参考尺寸时，应将尺寸数字加上括号。

(6) 标注剖面为正方形结构的尺寸时，可在正方形边长尺寸数字前加注符号"□"或用"$B \times B$"(B 为正方形的对边距离)注出，如图 1-23 所示。

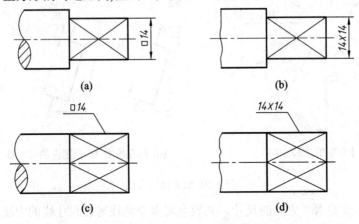

图 1-23　正方形的尺寸数字注写

(7) 标注板状零件的厚度时，可在尺寸数字前加注符号"*t*"。

(8) 标注斜度或锥度时，可按图 1-24 所示的方法标注。

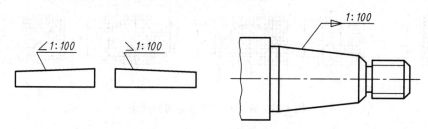

图 1-24　斜度、锥度的标注

(9) 45°的倒角可按图 1-25 的形式标注，非 45°的倒角应按图 1-26 的形式标注。

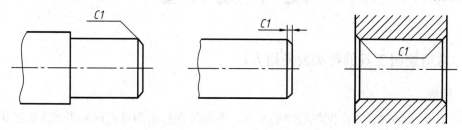

图 1-25　45°倒角的标注方法

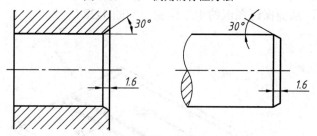

图 1-26　非 45°倒角的标注方法

(10) 标注尺寸的符号和缩写词。标注尺寸的符号和缩写词应符合表 1-8 中的规定。

表 1-8　标注尺寸的符号和缩写词

序号	项目名称	符号或缩写词	序号	项目名称	符号或缩写词
1	直径	ϕ	9	深度	⊤
2	半径	*R*	10	沉孔或锪平	⊔
3	球直径	$S\phi$	11	埋头孔	∨
4	球半径	*SR*	12	弧长	⌒
5	厚度	*t*	13	斜度	∠
6	均布	EQS	14	锥度	◁
7	45°倒角	*C*	15	展开长	◯
8	正方形	□	16	型材截面形状	(按 GB/T 4656.1—2000)

符号的线宽为 $h/10$ (h 为字高)，符号的比例画法如图 1-27 所示。

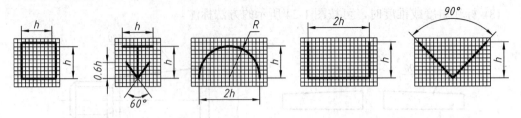

图 1-27　标注尺寸符号的比例画法

1.2　尺 规 作 图

1.2.1　常用绘图工具的种类及使用方法

1. 图板

图板是用来铺放及固定图纸的矩形木板，不能随意打击图板表面和用水洗刷图板。

图纸一般用胶带固定在图板左下角。固定图纸时，一定注意要利用丁字尺在图板的左侧的导边上下移动，从而保证图纸的水平位置，如图 1-28 所示。

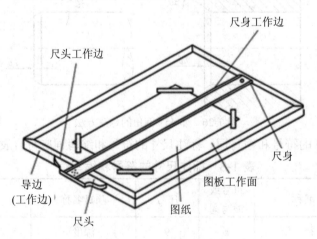

图 1-28　图板、丁字尺及图纸的固定

图板有 A0、A1、A2、A3 四种规格，可根据所绘图纸的大小选择合适的图板。一般图板的尺寸比相应图纸的尺寸要略大。

绘图时可准备一块用来擦拭图板表面灰尘的布。

2. 丁字尺

丁字尺主要用来绘制水平线。作图时，尺头应紧靠图板左侧，并上下移动尺身，用尺身的上边画线。绘制时注意要左手按住尺身，用铅笔沿尺身上边从左往右画线。使用时要防止丁字尺坠地造成尺头与尺身脱落或缺角。使用时运笔角度如图 1-29 所示。

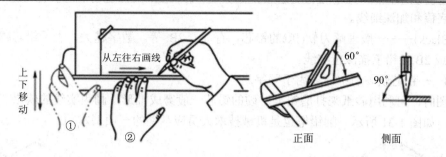

图 1-29　丁字尺的使用方法

3．三角尺

一副三角尺分 45° 和 30° – 60° 两块。可配合丁字尺绘制垂直线及 15° 倍角的斜线，如图 1-30 所示，也可用两块三角板配合绘制任意倾斜角度的平行线。

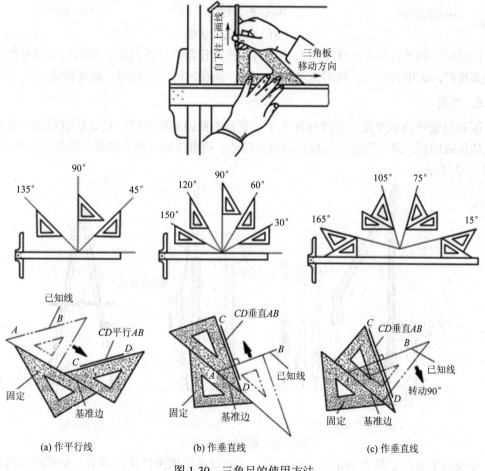

图 1-30　三角尺的使用方法

4．铅笔

绘图铅笔一端的字母和数字表示铅芯的软硬程度。

H(hard)——硬的铅芯，常用有 H、2H 等。数字越大，铅芯越硬。通常用 H 或 2H 的铅笔轻画底稿和加深细线。

B(Black)——一般理解为软(黑)的铅芯，有 B、2B 等。数字越大，表示铅芯越软，通常用 B 或 2B 的铅笔描深粗实线。

HB——铅芯软硬适中，多用于写字。

画图时，可利用砂纸来打磨铅笔。硬的铅芯一般磨成锥形，画粗实线的软铅芯磨成矩形断面，如图 1-31 所示。削铅笔也是机械技术人员应掌握的一项基本功。

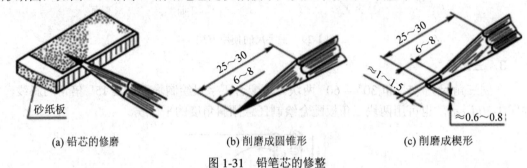

(a) 铅芯的修磨   (b) 削磨成圆锥形   (c) 削磨成楔形

图 1-31　铅笔芯的修整

画线时，铅笔可略向画线前进方向倾斜，尽量让铅笔靠近尺面，铅芯与纸面垂直。当画粗实线时，因用力较大，倾斜角度可小一些。画线时用力要均匀，匀速前进。

5．圆规

圆规用来画圆和圆弧。大圆规有 3 个可更换的插腿和加长杆：铅芯插腿可画一般铅笔图上的圆或圆弧；钢针插腿可代替分规量取尺寸；鸭嘴插腿可用于描图；加长杆可画大圆，如图 1-32 所示。

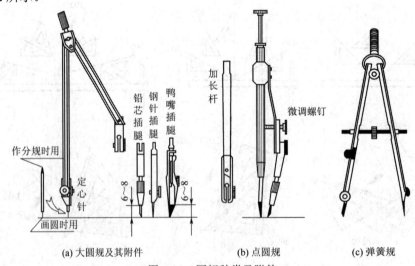

(a) 大圆规及其附件   (b) 点圆规   (c) 弹簧规

图 1-32　圆规种类及附件

小圆规主要用于画 5 mm 以下的小圆。小圆规用微调螺钉进行调节，使所画圆精确，其使用方法如图 1-33 所示。

圆规的铅芯应与纸面成 75° 的楔形，以使圆弧粗细均匀，如图 1-34 所示。

在画粗实线圆时，铅笔芯应用比画粗实线的铅笔芯软一号，并磨成矩形；画细线圆时，用 H 或 HB 的铅笔芯并磨成楔形。

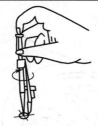
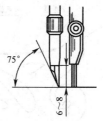

(a) 小圆规的使用手法　　　　　(b) 针尖与铅芯

图 1-33　小圆规的用法

　　当画底稿时，用普通针尖；在描深时换用带支撑面的小针尖，以避免针尖插入图板过深。使用时，针尖应比铅芯稍长一些。

　　当画大直径的圆或描深时，圆规的针脚和铅笔脚均应保持与纸面垂直。当画大圆时，可用延长杆来扩大所画圆的半径，如图 1-34 所示。

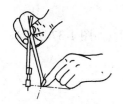

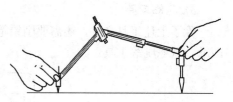

(a) 将针尖扎入圆心　　(b) 圆规向画线　(c) 画大圆时圆规　　(d) 加入加长杆，用双手画较大半径的圆
　　　　　　　　　　　　方向倾斜　　　　两脚垂直纸面

图 1-34　大圆规的用法

6．分规

　　分规主要用于等分线段和量取尺寸等。使用前应检查分规的两个钢针脚，尽量使两个钢针尖并拢时对齐。

　　量取尺寸时，先张开至大于被量尺寸距离，再逐步压缩至被量尺寸大小，注意钢针不要扎进尺的刻度内，避免损坏尺上的刻度，具体手法如图 1-35 所示。

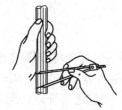

(a) 调整分规的手法　　　　　(b) 截取尺寸的手法

图 1-35　分规的用法

7．其他工具

1) 曲线板

　　曲线板用来画非圆曲线。描绘曲线时，先徒手将已求出的各点顺序轻轻地连成曲线，再根据曲线曲率大小和弯曲方向，从曲线板上选取与所绘曲线相吻合的一段与其贴合，每次至少对准四个点，并且只描中间一段，前面一段为上次所画，后面一段留待下次连接，以保证连接光滑流畅，如图 1-36 所示。

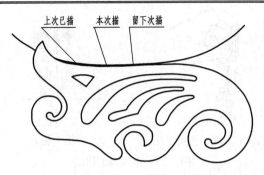

图 1-36　曲线板使用

2) 比例尺

比例尺供绘制不同比例的图样时量取尺寸用，尺面上有各种不同比例的刻度。在画不同比例的图形时，可从比例尺上直接得出某一尺寸应画的大小，省去计算的麻烦。

3) 其他工具

除了上述工具之外，还需要削铅笔刀、橡皮、胶带、量角器、擦图片(如图 1-37 所示)、砂纸、软毛刷等工具。

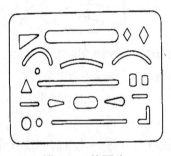

图 1-37　擦图片

1.2.2　几何作图

1. 平分线段

1) 分规等分法

要将直线 AB 四等分，可先将分规的开度调整至 $AB/4$ 左右长，然后在线段 AB 上试分，得Ⅳ点(Ⅳ点也可以在端点 B 之外)；设 BⅣ为 e，然后再调整分规，使其长度增加(或缩减)$e/4$ 左右，而后重新试分，通过逐步逼近，即可将线段 AB 四等分，如图 1-38 所示。

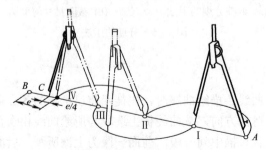

图 1-38　分规等分法

2) 辅助线法

如图 1-39 所示，将线段 AB 五等分。

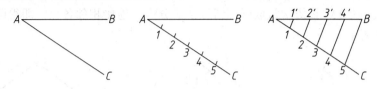

图 1-39　辅助线等分法

2. 圆等分及圆内多边形

1) 圆周的四、八等分

圆周的四、八等分，可用丁字尺与 45° 三角板直接作出，如图 1-40 所示。

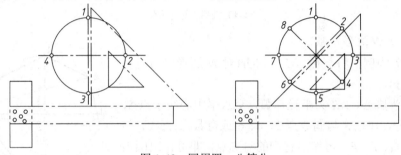

图 1-40　圆周四、八等分

2) 圆周的三、六等分

(1) 用丁字尺与 30° – 60° 三角板作圆周三、六等分，如图 1-41 所示。

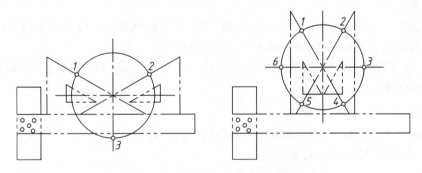

图 1-41　圆周三、六等分(丁字尺)

(2) 用圆规作圆周的三、六等分，如图 1-42 所示。

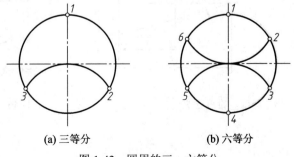

(a) 三等分　　　　　　　(b) 六等分

图 1-42　圆周的三、六等分

3) 圆内五边形

求出 *OA* 的中点 *M*，以 *M* 为圆心，*M*1 为半径作圆弧与 *OA* 交点 *K*，线段 1*K* 即为圆周五等分的弦长。以 1*K* 长依次截取圆周得五个等分点，连接相邻各点，即得圆内接正五边形，如图1-43 所示。

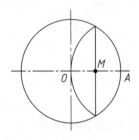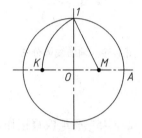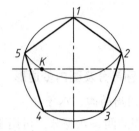

图 1-43　圆内接五边形

4) 圆内正 *N* 边形

以 *N* = 7 为例，将直径 *AK* 七等分(对 *N* 边形可对直径 *AK* 作 *N* 等分)。

以 *A* 点为圆心，*AK* 为半径作弧，交水平中心线于点 *S*，将 *AK* 七等分，作点 *S* 与偶数点 2、4、6(或奇数点)直线，与圆周交得点 *G*、*F*、*E*，再作出它们的对称点，即可作出圆内接正七边形，如图1-44 所示。

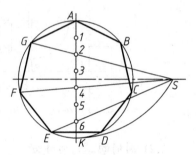

圆 1-44　圆内接七边形

3. 斜度与锥度

1) 定义

斜度是指一直线(或平面)对另一直线(或平面)的倾斜程度。斜度的大小通常以斜边(或斜面)的高与底边长的比值 1 : *n* 来表示，如图1-45 所示。

锥度指正圆锥底圆直径与圆锥高度之比或正圆锥台两底圆直径之差与圆锥台高度之比，如图1-45 所示。

2) 符号

斜度符号"∠"或"⊵"，其方向与斜度的方向一致。

斜度、锥度符号如图1-46 所示。

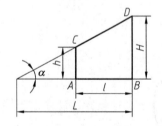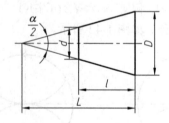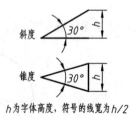

h 为字体高度，符号的线宽为 *h*/2

图 1-45　斜度、锥度含义　　　　　　图 1- 46　斜度、锥度符号

3) 画法

斜度画法如图1-47 所示。

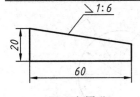
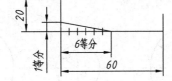
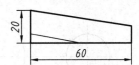

(a) 已知图形　　　　　　(b) 作斜度为1：6的斜度线　　　　　(c) 过已知点作斜度线的平行线，完成全图

图 1-47　斜度画法

锥度的画法，如图 1-48 所示。

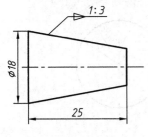
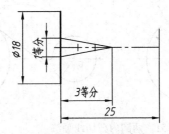
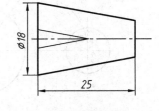

(a) 已知图形　　　　　　(b) 作锥度为1：3的锥度线　　　　　(c) 过已知点作锥度线的平行线，完成全图

图 1-48　锥度画法

4. 圆的切线

1) 过圆外一点作圆的切线

切线的画法如图 1-49 所示。

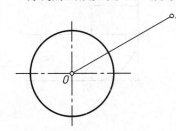
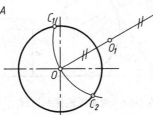
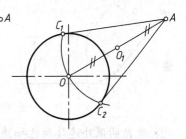

图 1-49　过圆外一点圆切线画法

2) 作两已知圆的公切线

公切线的画法如图 1-50 所示。

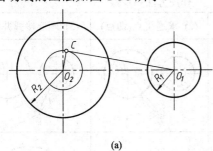
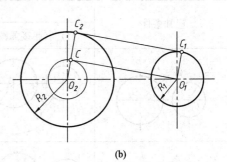

(a)　　　　　　　　　　　　　　　　　　(b)

图 1-50　两圆公切线画法

3) 作两已知圆的内公切线

内公切线的画法如图 1-51 所示。

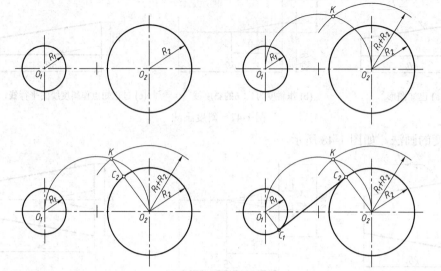

图 1-51　两圆内公切线画法

5. 圆弧连接

1) 用 R 圆弧连接两已知直线

连接两直线的画法如图 1-52 所示。

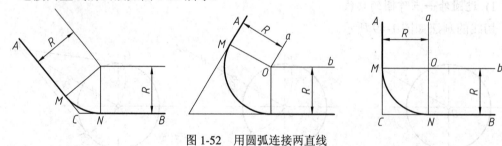

图 1-52　用圆弧连接两直线

2) 用 R 圆弧外连接两已知圆

连接的圆的画法见表 1-9。

表 1-9　用圆弧连接两圆

类别	已知条件	作图方法和步骤		
		(1) 求连接弧圆心	(2) 求连接点(切点)	(3) 画连接弧并描深
外连接				
内连接				

6. 平面图形的绘制

平面图形是由一些线段连接而成的一个或数个封闭线框所组成的。绘制平面图形前，首先要根据图中尺寸，确定绘图步骤。

1) 平面图形的尺寸分析

首先分析图中尺寸，一方面检查图纸尺寸的完整性，另一方面在确定尺寸类型之后，确定绘图步骤。在分析尺寸时，首先要明确以下几个概念。

(1) 尺寸基准。尺寸基准即表示标注尺寸的起点。

分析尺寸时，首先要查找尺寸基准。通常以图形的对称轴线、较大圆的中心线、图形轮廓线作为尺寸基准。

一个平面图形具有两个坐标方向的尺寸，每个方向至少要有一个尺寸基准。尺寸基准常常也是画图的基准。画图时，要从尺寸基准开始画。

(2) 尺寸分类。

① 定形尺寸。决定平面图形形状的尺寸，称为定形尺寸。如圆的直径、圆弧半径、多边形边长、角度大小等均属定形尺寸。定形尺寸如图 1-53 中的 20、$\phi27$、$R32$ 等。

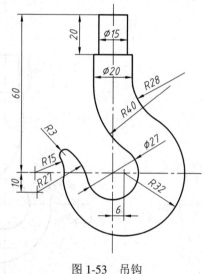

图 1-53　吊钩

② 定位尺寸。决定平面图形中各组成部分与尺寸基准之间相对位置的尺寸，称为定位尺寸。如圆心、封闭线框、线段等在平面图形中的位置尺寸。定位尺寸如图 1-53 中的 6、10、60。

注意：有的尺寸既是定形尺寸，又是定位尺寸。

(3) 圆弧分类是手工画圆和圆弧时，需要知道半径和圆心位置尺寸，根据图中所给定的尺寸，圆弧分为三类：

① 已知圆弧是半径和圆心位置的两个定位尺寸均为已知的圆弧，根据图中所注尺寸能直接画出，如图 1-53 中的 $\phi27$、$R32$。

② 中间圆弧是已知半径和圆心的一个定位尺寸的圆弧。与其一端连接的线段画出后，才能确定中间圆弧的圆心位置，如图 1-53 中 $R15$、$R27$。

③ 连接圆弧是只已知半径尺寸，而无圆心的两个定位尺寸的圆弧。它需要与其两端相连接的线段画出后，通过作图才能确定其圆心位置，如图 1-53 中 $R3$、$R28$、$R40$。

2) 平台图形的画法及尺寸标注

(1) 平面图形的画图步骤。

　　一般从图形的基准线画起，再按已知线段、中间线段、连接线段的顺序作图。对圆弧来说，先画已知圆弧，再画中间圆弧，最后画连接圆弧，具体步骤如图 1-54 所示。

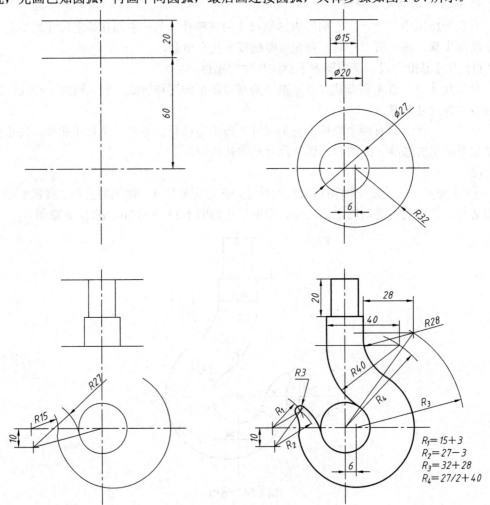

图 1-54　吊钩绘图步骤

　　(2) 尺寸标注。首先分析图形，确定基准。其次标注定形尺寸。图 1-54 中四条直线、七段圆弧的定形尺寸均应标出，如 $\phi15$、$\phi20$、$\phi27$、$R32$、$R28$、$R40$、$R27$、$R15$、$R3$。第三步标注定位尺寸，如图 1-54 中的 20、60、10、6。

　　最后检查调整。检查目的首先要保证尺寸完整齐全，不多不少。其次标注尺寸要清晰，遵守国家标准。在圆弧连接例子中，尺寸线箭头不应画在切点处，尺寸线尽量避免和其他图线相交，尺寸排列整齐，美观。

7. 尺规绘图的操作步骤

1) 准备工作

(1) 准备好所需的全部作图用具，擦净图板、丁字尺、三角板。

(2) 削磨铅笔、铅芯。

(3) 分析了解所绘对象，根据所绘对象的大小选择合适的图幅及绘图比例。

(4) 用丁字尺找正，再用胶带固定好图纸。

2) 画底稿

本阶段的目的是确定所绘对象在图纸上的确切位置。画底稿时不分线型，全部采用超细实线(比细实线更细且轻)绘制，待加深时再予以调整。

画底稿的一般步骤为先画图框、标题栏，后画图形。

(1) 绘图纸边界线、图框线和标题栏框线。

(2) 布图。

(3) 根据布图方案，利用投影关系，轻细地画出各图形的基准线、轴线、中心线等。按照由大到小、由整体到局部、最后画细节的顺序，画出所有轮廓线。最后对照原图检查、整理全图。

3) 加深

该阶段是表现作图技巧、提高图面质量的重要阶段，故应认真、细致，一丝不苟。

线型加深按细点画线、细实线、细虚线，然后到粗实线的顺序进行，同类图线应保持粗细、深浅一致。

在描深同一种线型时，应先曲线后直线。

描深直线的顺序应是先横、后竖、再斜，按水平线从上到下、垂直线从左到右的顺序依次完成。尽量使同一类型图线的粗细、浓淡一致。

具体步骤如下：

(1) 用 H 或 2H 铅笔加深图中的全部细线，一次性绘出标题栏、剖面线、尺寸界线、尺寸线及箭头等。

(2) 加粗粗曲线(圆弧)。圆弧与圆弧相接时应顺次进行。画图时，圆规的铅芯应比画直线的铅芯软一级。

(3) 用 HB 铅笔加深粗实线，用丁字尺从上至下加粗水平直线，到图纸最下方后应刷去图中的碳粉，并擦净丁字尺。

(4) 用三角板与丁字尺配合，从左至右加粗垂直方向的直线，到图纸最右方后刷去图中的碳粉，并擦净三角板。

(5) 加粗斜线。

(6) 填写尺寸数据、符号、文字及标题栏。写字和画箭头用 HB 铅笔。

(7) 检查、整理全图，擦去图中不需要的线条，擦净图中被弄脏的部分，发现错误应及时修改。

(8) 取下图纸，去掉透明胶带，完成作图。

1.3　画　草　图

以目测估计图形与物体的比例，按一定的画法要求用笔徒手绘制的图称为草图。它是在机器测绘、技术交流、现场参观时经常绘制的图。当设计者企图抓住一闪念的设计灵感的时候，常常要用徒手画图的方式绘制立体的草图、轴测草图、零件草图、装配示意草图等。画草图是工程技术人员必须具备的一项基本技能。

1. 徒手画草图的基本要求

绘制的草图首先要求绘制的物体自身各部分的比例正确，初学者一般采用方格纸来绘制草图，方格纸是 5 mm × 5 mm 的网格纸。待熟练后便可直接用白纸画。其次要求图面工整。

徒手画图用的铅笔一般为 HB/B 铅芯的铅笔，铅芯头磨成锥形。

徒手画图的要点是：徒手目测，先画后量，画线力均，横平竖直，曲线光顺。

2. 徒手绘图的技巧

(1) 直线的画法。

徒手画直线时，握笔的手指离笔尖约 30～40 mm，比平常写字时握笔要稍远。手腕、小手指轻压纸面，铅笔与笔的运行方向保持大致直角的关系。注意手握笔时，要自然放松，不可攥得太死。在移动画笔的过程中，眼睛看着所画直线的终点。画竖线时，还应适当同时转动铅笔，画斜线时可将图纸转动使斜线当成水平线或垂直线去画。徒手绘制直线如图 1-55 所示。

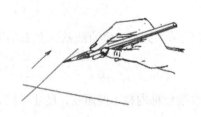 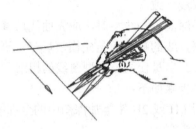

图 1-55　徒手绘制直线

(2) 圆的画法。

画圆时，应先画中心线以确定圆心。画小圆时，先画中心线，再取中心线上的四点，徒手画圆。如果画较大的圆，则可取给定半径，用目测在中心线上定出四点，再增加两条过圆心的 45° 斜线，以半径长再定四点，以此八点近似画圆。画粗实线圆时，往往先画细线圆，然后加粗，这样可在加粗过程中调整不圆度。徒手绘制圆如图 1-56 所示。

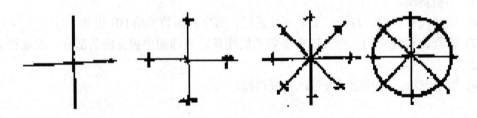

图 1-56　徒手绘制圆

第2章 投影基础

2.1 投影基础

在工程技术中，人们常用到各种图样，如机械图样、建筑图样等。这些图样都是按照不同的投影方法绘制出来的，其中机械图样是用正投影方法绘制的。

2.1.1 投影法的基本概念

设空间有一定点 S 和任一点 A，以及不通过点 S 和点 A 的平面 P，如图 2-1 所示。从点 S 经过点 A 作直线 SA，直线 SA 与平面 P 相交于一点 a，则点 a 为空间点 A 在平面 P 上的投影，称定点 S 为投影中心，称平面 P 为投影面，称直线 SA 为投影线。

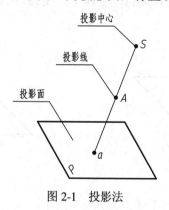

图 2-1 投影法

2.1.2 投影法的种类及特性

1. 中心投影法

投影中心距离投影面在有限远的地方，投影时投影线交汇于投影中心的投影法称为中心投影法，如图 2-2 所示。其特点是该投影不能真实地反映物体的形状和大小，不适用于机械图样，工程上常用中心投影法来绘制建筑物的透视图。

2. 平行投影法

投影中心距离投影面无限远的地方，投影时投影线都相互平行的投影法称为平行投影法，如图 2-3 和图 2-4 所示。

根据投影线与投影面是否垂直，平行投影法又可以分为两种：

(1) 斜投影法：投影线与投影面相倾斜的平行投影法，如图 2-3 所示。

(2) 正投影法：投影线与投影面相垂直的平行投影法，如图 2-4 所示。

空间的平面图形若和投影面平行，则它的投影反映出该平面的真实的形状和大小。

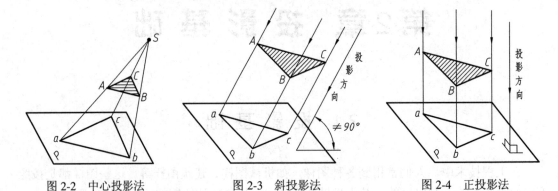

图 2-2　中心投影法　　　　　图 2-3　斜投影法　　　　　图 2-4　正投影法

3．平行投影的基本特性

1) 同素性

一般情况下，点的投影是点，直线的投影还是直线，如图 2-5 所示。

2) 从属性不变

点 C 属于直线 AB，点 C 的投影也一定属于直线 AB 的投影，如图 2-6 所示。

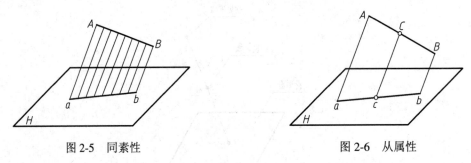

图 2-5　同素性　　　　　　　　　图 2-6　从属性

3) 等比性

点分线段之比，投影后保持不变，如图 2-7 所示。

4) 平行性

当空间两直线互相平行时，它们在同一投影面上的投影仍互相平行，如图 2-8 所示。

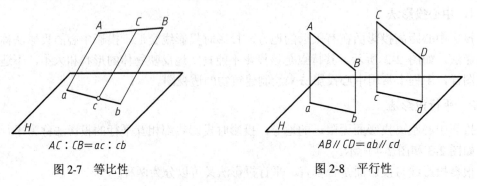

$AC : CB = ac : cb$ 　　　　　　$AB /\!/ CD = ab /\!/ cd$

图 2-7　等比性　　　　　　　　图 2-8　平行性

5) 类似性

直线或平面不平行于投影面时，其投影形状是空间形状的类似形状。即点的投影仍然是点，直线的投影仍是直线，平面的投影仍是平面，如图 2-9 所示。

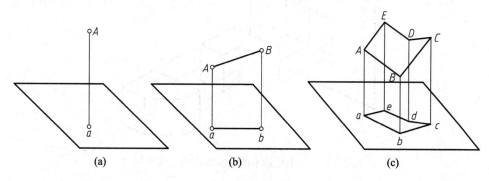

图 2-9 类似性

以上 5 个性质属于平行投影的基本特性。下面的实形性和积聚性属于特殊情况。

6) 实形性

当直线或平面平行于投影面时，它们的投影反映实长或实形，如图 2-10 所示。

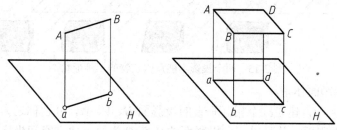

图 2-10 实形性

7) 积聚性

当直线或平面平行于投影线(在正投影中垂直于投影面)时，其投影积聚于一点或一直线，这种特性称为积聚性，如图 2-11 所示。

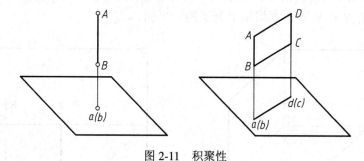

图 2-11 积聚性

2.1.3 三视图的形成及投影规律

1. 三投影面的形成

(1) 一个投影不能反映实物的三维形状，如图 2-12 所示。

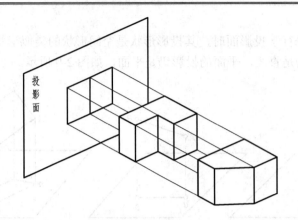

图 2-12　　一个投影不能反映实物的三维形状

(2) 两个投影也不能反映实物的三维形状，如图 2-13 所示。

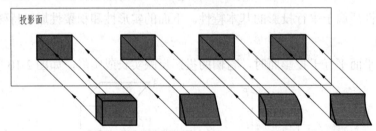

图 2-13　两个投影不能反映实物的三维形状

(3) 建立三投影面体系。

　　如图 2-14(a)所示，建立三个相互垂直的投影面 *H*、*V*、*W*，分别称之为水平投影面、正立投影面、侧立投影面，并且以三个投影面的交点 *O* 为原点建立空间坐标系 *XYZ*。其中 *H* 面与 *V* 面的交线称为投影轴 *X* 轴。*H* 与 *W* 面的交线称为投影轴 *Y* 轴。*V* 面与 *W* 面的交线称为投影轴 *Z* 轴。

　　如图 2-14(b)所示，为使三投影面均显示在同一平面上，故采用图示展开方法。*V* 正立投影面不动，*H* 水平投影面沿 *X* 投影轴向下转动 90°，同时侧立投影面 *W* 沿坐标轴 *Z* 轴向外转动 90°，使 *H* 和 *W* 投影面均和 *V* 处于同一平面。

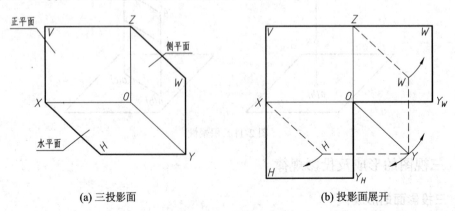

(a) 三投影面　　　　　　　　　　　　　　　　(b) 投影面展开

图 2-14　三投影面体系

2. 三视图

在实际应用时，为了更清晰地表达三维空间几何体的形状和特征，常采用三面投影图。

例如图 2-15(a)所示的几何体，将物体放在三投影面体系中，物体的位置处在人与投影面之间，然后将物体对各个投影面进行投影，得到三个视图，这样才能把物体的长、宽、高三个方向，上下、左右、前后六个方位的形状表达出来，如图 2-15(b)所示。

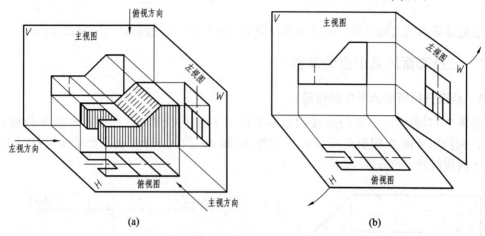

(a)　　　　　　　　　　　　　　　　　　(b)

图 2-15　用三视图表示的几何体

三个视图分别是：

主视图：从前往后进行投影，在正立投影面(V面)上所得到的视图。

俯视图：从上往下进行投影，在水平投影面(H面)上所得到的视图。

左视图：从左往右进行投影，在侧立投影面(W面)上所得到的视图。

3. 三视图的投影规律

在三视图中，主、俯视图都反映机件的长度，主、左视图都反映机件的高度，俯、左视图都反映机件的宽度，如图 2-16 所示。由此得出三视图的投影规律——"三等规律"：主、俯视图——长对正；主、左视图——高平齐；俯、左视图——宽相等。

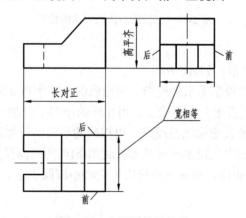

图 2-16　三视图投影关系

在实际应用中要注意：

(1) 机件的整体和局部都要符合"三等规律"。

(2) 在俯、左视图上，远离主视图的一侧是机件的前面，靠近主视图的一侧是机件的后面。

(3) 要特别注意宽度方向尺寸在俯、左视图上的不同方位，如图 2-16 所示。

2.2　点 的 投 影

点是最基本的几何元素，本节主要讨论运用正投影方法投影时点的投影规律。

2.2.1　三投影面体系中点的投影

1．点在三投影面体系中的投影

如图 2-17 所示，一空间点 A 向投影平面 H 投射得投影 a，向投影平面 V 投射得投影 a'，向投影平面 W 投射得投影 a"。此时 Aa 和 Aa' 构成一个平面，此平面与 OX 轴交点为 a_x。同理得到交点 a_y 和 a_z。

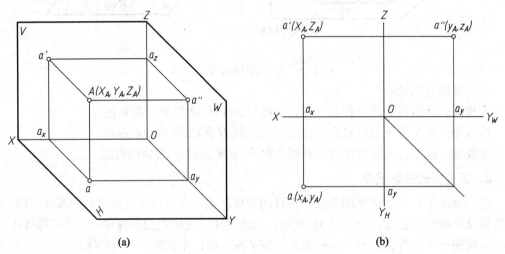

(a)　　　　　　　　　　　　　　(b)

图 2-17　三投影面体系中点的投影

2．术语及规定

空间点用大写字母表示，如 A、B。

在水平投影面 H 上的投影称水平投影，用相应的小写字母 a 来表示。

在正立投影面 V 上的投影称正面投影，用相应的小写字母加一撇如 a' 来表示。

在侧立投影面 W 上的投影称侧面投影，用相应的小写字母加两撇如 a" 来表示。

在图 2-17 中，将图(a)中三投影面展开就得到图(b)点的三面投影图。在投影图上，投影的连线例如 aa' 用细实线画出，空间点及投影用空心小圆圈表示。

3．投影性质

(1) 点的两投影的连线垂直于相应的投影轴。即，$aa' \perp OX$ 轴，$a'a" \perp OZ$ 轴。

(2) 点的投影到投影轴的距离反映空间点到投影面的距离，即点的空间坐标 X、Y、Z。

$$aa_y = a'a_z = Aa" = X$$

$$aa_x = a''a_z = Aa' = Y$$
$$a'a_x = a''a_y = Aa = Z$$

例 2-1　已知点 B 的正面投影 b' 及侧面投影 b''，如图 2-18(a)所示，求其水平投影 b。

解　水平投影 b 如图 2-18(b)所示。

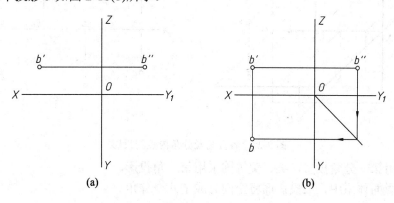

图 2-18　求点的第三个投影

例 2-2　已知空间点 D 的坐标$(15, 10, 20)$，试作其投影图。

解　点 D 的投影如图 2-19(b)所示。

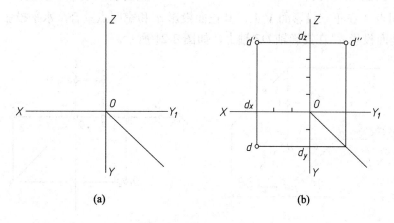

图 2-19　点的三面投影

2.2.2　特殊位置点的投影

1．其他分角内的点

首先讨论两投影面体系中，分角的概念及位置。由于两投影面是没有边际的，故把空间分成了四个部分，分别称之为一、二、三、四分角，如图 2-20 所示。当空间点位于不同的分角内时，其两面投影也随之发生变化，但投影性质不变。

A——第一分角，$a'a$ 在 X 轴两侧。

B——第二分角，$b'b$ 在 X 轴同侧(上侧)。

C——第三分角，$c'c$ 在 X 轴两侧。并与点 A 的两面投影位置相反。

D——第四分角，$d'd$ 在 X 轴同侧(下侧)。

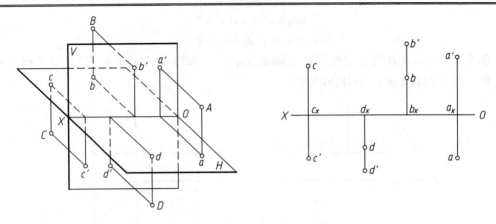

图 2-20　各分角及分角内点的投影

我国采用第一分角投影，英、美等国采用第三角投影。

在三投影面体系中，三投影面将空间分成了八个分角。

2．其他情况

空间点的位置除了在八个分角内之外，还有可能在投影面上、投影轴上等其他情况。

1) 投影面上的点的投影

(1) 空间点 A 在正立投影面 V 上：其正面投影 a' 和空间点重合，水平投影 a 在投影轴 OX 轴上，侧面投影 a'' 在投影轴 OZ 轴上，如图 2-21 所示。

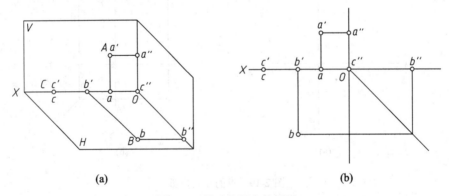

(a)　　　　　　　　　　　　　　(b)

图 2-21　特殊位置点的投影

(2) 空间点 B 在水平投影面 H 上：其水平投影 b 和空间点 B 重合，正面投影 b' 在投影轴 OX 轴上，侧面投影 b'' 在投影轴 OY 轴上，如图 2-21 所示。

2) 投影轴上的点的投影

空间点 C 属于投影轴 OX 轴，其正面投影 c' 和水平投影 c 均在投影轴 OX 上，并和其空间点 C 本身重合。其侧面投影 c'' 在投影原点上，如图 2-21 所示。

2.2.3　空间两点的相对位置

1．空间两点相对位置的确定

空间两点相对位置的判断是以一点为基准，判断其他点相对于这一点的上下、左右、前后的位置关系。

如图 2-22 所示，$|X_A - X_B| \geq 0$，说明空间点 A 在空间点 B 的左边。$|Y_A - Y_B| \geq 0$，说明空间点 A 在空间点 B 的前方。$|Z_A - Z_B| \leq 0$，说明空间点 A 在空间点 B 的下方。

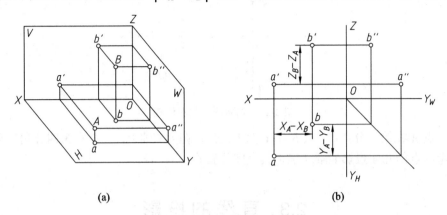

(a)   (b)

图 2-22　空间两点的相对位置

2. 重影点

当两点处于同一投射线上时，则它们在与该投射线垂直的投影面上的投影重合，此两点称为对该投影面的重影点。如图 2-23 所示，点 A 与点 B 在垂直于 V 面的同一条投射线上，故它们的正面投影 a' 与 b' 重合。由于点 A 在点 B 的前方，点 B 的正面投影 b' 被点 A 的正面投影 a' 遮挡，故 b' 不可见。在作图时，可加括号表示其不可见。

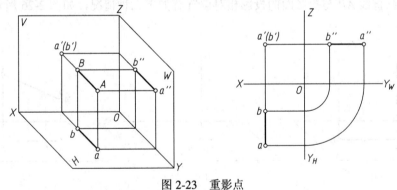

图 2-23　重影点

例 2-3　已知点 A 的两面投影 a' 及 a，又知点 B 在点 A 的右方 10 mm、上方 8 mm 和前方 6 mm 处，求点 B 的投影。

解　解法如图 2-24 所示。

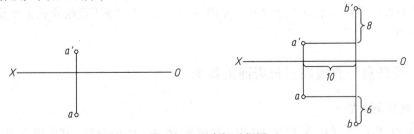

图 2-24　两点相对位置

例2-4　判断各点的空间位置，如图2-25所示。

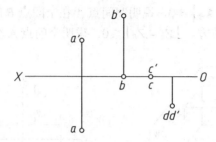

图 2-25　判断两点相对位置

解　点 A 在第一分角内；点 B 在 V 面上；点 C 在 OX 轴上，点 D 在第四分角等分面上。
思考： 点的几面投影能唯一确定其空间位置？

2.3　直线的投影

在熟练掌握点的投影规律的基础上，可进一步掌握直线的投影特性和规律，以及空间点与直线、直线与直线的相对位置在投影图上的特点。

2.3.1　空间任意一直线在一投影面的投影

空间任意直线 AB 与投影面的投影相对位置有如下三种情况，如图 2-26 所示。

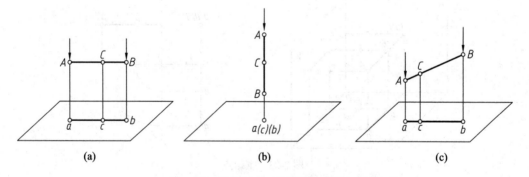

(a)　　　　　　　　　　　　　(b)　　　　　　　　　　　　　(c)

图 2-26　直线相对一投影面位置情况

(1) 实形性：直线 AB 与平面平行，投影 ab 反映直线 AB 实长。

(2) 积聚性：直线 AB 与平面垂直，投影 ab 积聚为一点。

(3) 类似性：直线 AB 与平面倾斜，投影 ab 为一直线，既不反映实长也不反映直线与投影面的夹角。

2.3.2　空间任意一直线在三投影面的投影

1. 一般位置直线

如图 2-27 所示，一般位置直线 AB 均与投影面 H、V、W 面倾斜，其夹角分别为 α、β、γ。

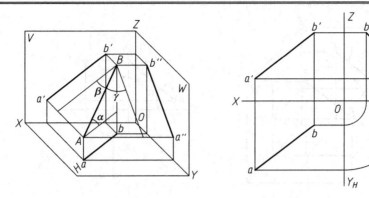

图 2-27 一般位置直线

特性:

(1) 各面投影的长度均小于实长。

(2) 各面投影均不平行于投影轴。

(3) 三个投影均不反映 α、β、γ 角的真实大小。

2. 投影面平行线

在空间三投影面体系中,直线与其中一投影面平行,与其他两投影面倾斜,称为投影面平行线。

平行于 H 面的直线,称为水平线;

平行于 V 面的直线,称为正平线;

平行于 W 面的直线,称为侧平线。

以水平线 AB 为例,如图 2-28 中直线 AB 与水平投影面 H 平行。

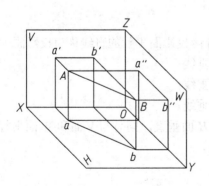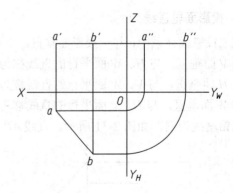

图 2-28 水平线及投影特性

特性:

(1) 其水平投影 ab 反映实形性,等于实长,并且 ab 与投影轴倾斜,其 ab 与 OX 轴夹角反映直线与 V 面夹角;ab 与 OY 夹角反映直线与 W 面夹角。

(2) 其正面投影 a'b' 反映类似性,并平行于 OX 轴。

(3) 其侧面投影 a"b" 反映类似性,并平行于 OY 轴。

分别以图 2-29 和图 2-30 为例,读者可自行总结正平线和侧平线的投影特性。

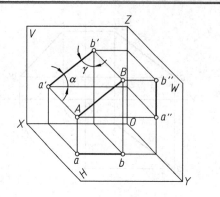
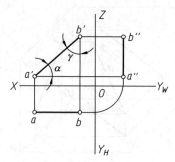

图 2-29　正平线及投影

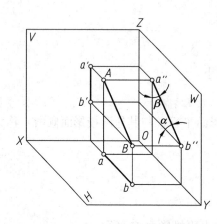
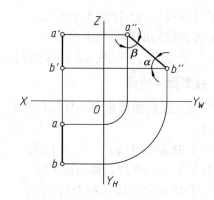

图 2-30　侧平线及投影

3. 投影面垂直线

在三投影面体系中，与一投影面垂直，与另外两投影面平行的直线称为投影面垂直线。

与 V 面垂直，与 H、W 面平行的直线称为正垂线；

与 H 面垂直，与 V、W 面平行的直线称为铅垂线；

与 W 面垂直，与 H、V 面平行的直线称为侧垂线。

以铅垂线为例，如图 2-31 所示。直线 AB 与 H 面垂直，同时与 V 面和 W 面平行。

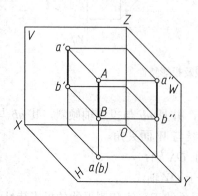
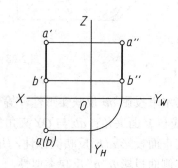

图 2-31　铅垂线及投影

其水平投影反映积聚性，AB 水平投影积聚为一点，ab 积聚为一点；

其正面投影反映实形性，AB 正面投影为一直线 a'b'，垂直于 OX 轴，(平行于 OZ 轴)；

其侧面投影反映实形性，AB 侧面投影为一直线 a"b"，垂直于 OY 轴，(平行于 OZ 轴)。

分别以图 2-32 和图 2-33 为例，读者可自行总结正垂线和侧垂线的投影特性。

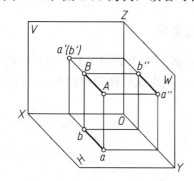
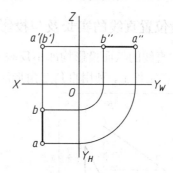

图 2-32　正垂线及投影

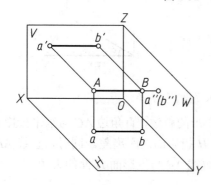
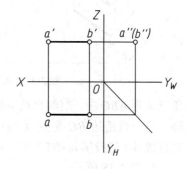

图 2-33　侧垂线及投影

4. 其他位置直线

1) 从属于投影面的直线

图 2-34(a)中直线 AB 是从属于 V 面的一条直线，其正面投影 a'b' 与本身 AB 重合，其水平投影 ab 和侧面投影 a"b" 分别在 OX 轴和 OZ 轴上。

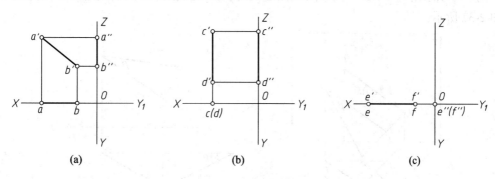

(a)　　　　　　　　　　　　(b)　　　　　　　　　　　　(c)

图 2-34　特殊位置直线

图 2-34(b)中直线 CD 是从属于 V 面的一条铅垂线，其正面投影 c'd' 与本身 CD 重合，均垂直于 OX 轴，其水平投影 cd 积聚为一点，并在 OX 轴上，侧面投影 c"d" 反映实长，并

在 OZ 轴上。

2) 从属于投影轴的直线

图 2-34(c)中直线 EF 是 OX 轴上一条直线，其正面投影 $e'f'$ 和水平投影 ef 均与直线 EF 重合，并反映实长。侧面投影 $e''f''$ 积聚在原点上。

2.3.3 一般位置直线的实长及与投影面的夹角

一般位置直线的三面投影均即不反映实长，投影与投影轴的夹角也不反映直线与投影面的夹角。但在工程上，利用直角三角形法求实长及直线与投影面的夹角，如图 2-35 所示。

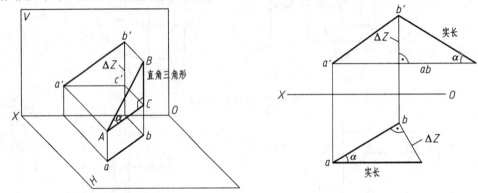

图 2-35   求实长及水平投影面夹角

在直角三角形 ABC 中，空间直线 AB 是三角形的斜边，直角边 AC 与水平投影 ab 平行且长度相等。另一直角边 BC 是点 A 与点 B 到 H 投影面的距离差。同时，直线 AB 与 AC 的夹角反映直线 AB 与投影 ab 的夹角，即反映直线 AB 与投影面 H 面的夹角。

作图方法如图 2-35 所示：

在两面投影图中，做直角三角形。

以直线的水平投影 ab 为直角三角形的一直角边，以直线的两端点 A、B 到水平投影面的距离差 $\Delta Z = \left| Z_A - Z_B \right|$ 为另一直角边，则此直角三角形的斜边即为直线的实长。斜边与水平投影 ab 的夹角即为直线 AB 与水平投影面的夹角 α。

同理可以求出直线 AB 与投影面 V 面的夹角 β 和与投影面 W 面的夹角 γ，分别如图 2-36 和图 2-37 所示。

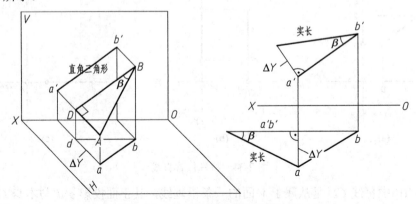

图 2-36   求实长及正面投影面夹角

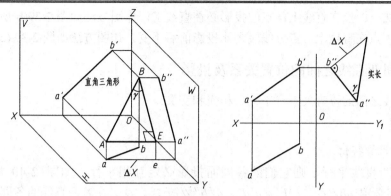

图 2-37 求实长及侧面投影面夹角

2.3.4 空间点与直线的位置关系及投影

若空间点属于直线，则

(1) 点在直线上，点的投影必在直线上，如图 2-38 所示。点 C 在直线 AB 上，则 $c \in ab$；$c' \in a'b'$、$c'' \in a''b''$。

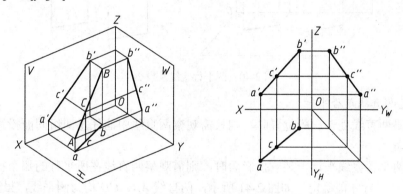

图 2-38 点在直线上

(2) 点在直线上，点分线段之比投影前后不变。

如图 2-38 所示，点 C 在直线 AB 上，则有

$$AC : CB = ac : cb = a'c' : c'b' = a''c'' : c''b''$$

例 2-5 已知点 K 在直线 AB 上，如图 2-39(a)所示。已知点 K 的正面投影 k'，试求点 K 的水平投影 k。

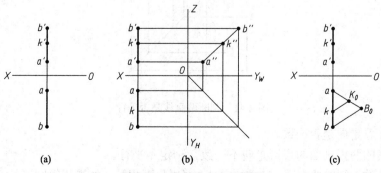

(a)　　　　　　　　(b)　　　　　　　　(c)

图 2-39 求直线上点的投影

解　方法一：点在直线上，点的投影必在直线上，作图方法如图 2-39(b)所示。

方法二：点在直线上，点分线段之比投影前后不变，作图方法如图 2-39 (c)所示。

2.3.5　空间两直线之间的位置关系及投影

空间直线之间的位置关系有平行、相交和交叉。

1. 平行

1) 平行投影特性

若空间两直线平行，则它们的各同面投影必定互相平行。如图 2-40 所示，由于 *AB∥CD*，则必定 *ab∥cd*、*a'b'∥c'd'*、*a"b"∥c"d"*。反之，若两直线的各同面投影互相平行，则此两直线在空间也必定互相平行。

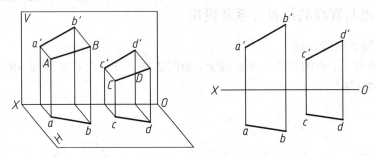

图 2-40　两平行直线及投影

2) 判定两直线是否平行

(1) 如果两直线处于一般位置时，则只需观察两直线中的任意两组同面投影是否互相平行即可判定。

(2) 当两平行直线平行于某一投影面时，则需观察两直线在所平行的那个投影面上的投影是否互相平行才能确定。如图 2-41 所示，两直线 *AB*、*CD* 均为侧平线，虽然 *ef∥gh*、*e'f'∥g'h'*，但不能断言两直线平行：

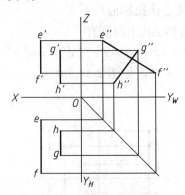

图 2-41　判断两直线是否平行

方法一：看走向是否一致。

两条直线的两投影面的投影走向不一致，一定不平行。

若走向一致，则需要查看 *ef*：*gh*、*e'f'*：*g'h'* 是否相等，如果相等则平行，若不相等则不平行。

方法二：可以作两直线的侧面投影进行判定，由于图中所示两直线的侧面投影 $a''b''$ 与 $c''d''$ 相交，所以可判定直线 AB 与 CD 不平行。

2．两直线相交

1) 投影特性

若空间两直线相交，则它们的各同面投影必定相交，且交点符合点的投影规律。如图 2-42 所示，两直线 AB、CD 相交于 K 点，因为 K 点是两直线的共有点，则此两直线的各组同面投影的交点 k、k'、k'' 必定是空间交点 K 的投影。反之，若两直线的各同面投影相交，且各组同面投影的交点符合点的投影规律，则此两直线在空间也必定相交。

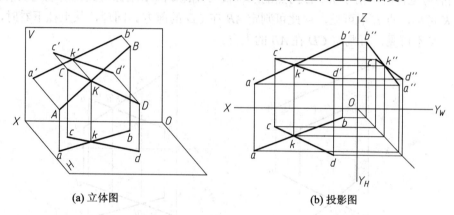

(a) 立体图   (b) 投影图

图 2-42 两直线相交

2) 判定两直线是否相交

(1) 如果两直线均为一般位置线时，则只需观察两直线中的任何两组同面投影是否相交且交点是否符合点的投影规律即可判定。

(2) 当两直线中有一条直线为投影面平行线时，则需观察两直线在该投影面上的投影是否相交且交点是否符合点的投影规律才能确定；或者根据直线投影的定比性进行判断。如图 2-43 所示，两直线 AB、CD 两组同面投影 ab 与 cd、$a'b'$ 与 $c'd'$ 虽然相交，但经过分析判断，可判定两直线在空间不相交。

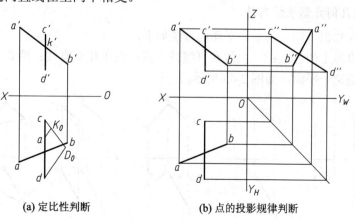

(a) 定比性判断   (b) 点的投影规律判断

图 2-43 两直线在空间不相交

3. 两直线交叉

两直线既不平行又不相交，称为两直线交叉。

1) 投影特性

若空间两直线交叉，则它们的各组同面投影必不同时平行，或者它们的各同面投影虽然相交，但其交点不符合点的投影规律。反之亦然，如图 2-44(a)所示。

2) 判定空间交叉两直线的相对位置

空间交叉两直线的投影的交点，实际上是空间两点的投影重合点。利用重影点和可见性，可以很方便地判别两直线在空间的位置。在图 2-44(b)中，判断 *AB* 和 *CD* 的正面重影点 $k'(l')$ 的可见性时，由于 *K*、*L* 两点的水平投影 *k* 比 *l* 的 *y* 坐标值大，所以当从前往后看时，点 *K* 可见，点 *L* 不可见，由此可判定 *AB* 在 *CD* 的前方。同理，从上往下看时，点 *M* 可见，点 *N* 不可见，可判定 *CD* 在 *AB* 的上方。

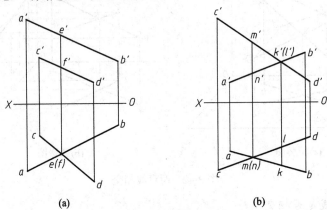

(a)　　　　　　　　　　　(b)

图 2-44　异面直线及重影点

2.4　平面的投影

2.4.1　平面的表示方法

1. 平面的几何元素表示方法

由初等几何知识可知，表示一平面的方法如下：

不在同一直线上的三点；一直线和直线外一点；两条相交直线；两条平行直线；任一平面图形均可确定一平面，如图 2-45 所示。

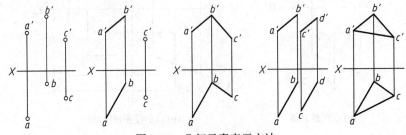

图 2-45　几何元素表示方法

2. 平面的迹线表示方法

空间平面与投影面相交，其交线称为平面的迹线。平面与 V 面投影面的交线称为正面迹线 P_V；与 H 面投影面的交线称为水平迹线 P_H；与 W 面投影面的交线称为侧面迹线 P_W。

迹线是平面与投影面的交线，其属于平面的一条直线，故可用迹线来表示该平面，如图 2-46 所示。

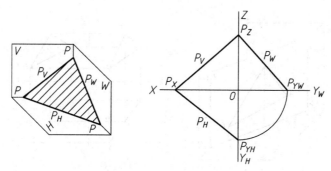

图 2-46　平面迹线表示方法

2.4.2　平面的投影

1. 平面与投影面的相对位置

如图 2-47 所示，空间任一平面相对于一投影面有三种投影情况，其投影分别具有实形性、积聚性和类似性。

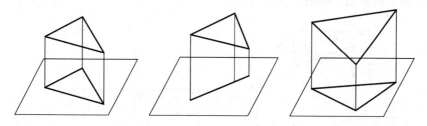

图 2-47　平面对一投影面投影

空间任一平面对于三投影面投影分三种情况：

投影面平行面：和一投影面平行，同时和其他两投影面垂直；

投影面垂直面：和一投影面垂直，同时和其他两投影面倾斜；

一般位置平面：均分别和三投影面倾斜，如图 2-48 所示。三投影具有类似性。

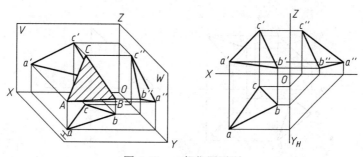

图 2-48　一般位置平面

2．特殊位置平面投影特性

1）投影面垂直面

垂直于一投影面，倾斜于其他两投影面的平面称为投影面垂直面。

根据具体情况可分为以下几种：

(1) 垂直于 H 面的平面，倾斜于 V 面和 W 面的平面称为铅垂面，如图 2-49 所示。

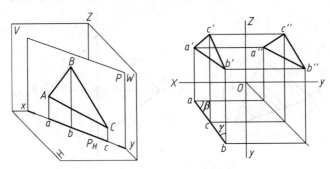

图 2-49　铅垂面的投影

投影特性：

① 水平投影 abc 积聚为一条倾斜于投影轴的直线。

② 正面投影 $a'b'c'$、侧面投影 $a''b''c''$ 为 ABC 的类似形。

③ 水平投影斜线 abc 与 OX、OY 的夹角反映铅垂面与 V 面的夹角 β、与 W 面的夹角 γ 的真实大小。

用迹线表示铅垂面，如图 2-50 所示。

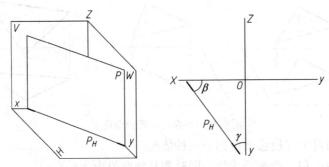

图 2-50　用迹线表示铅垂面

(2) 垂直于 V 面的平面，倾斜于 H 面和 W 面的平面称为正垂面，其投影如图 2-51 所示。

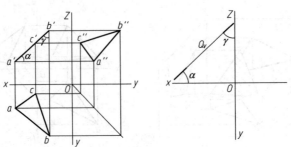

图 2-51　正垂面及投影特性

　　(3) 垂直于 *W* 面的平面，倾斜于 *H* 面和 *V* 面的平面称为侧垂面，其投影如图 2-52 所示。

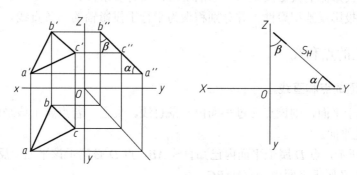

图 2-52　侧垂面及投影特性

2) 投影面的平行面

平行于一投影面，垂直于另外两平行面的平面称为投影面平行面。

根据具体情况可分为以下几种：

平行于 *H* 投影面，垂直于 *V* 面和 *W* 面的平面称为水平面；

平行于 *V* 投影面，垂直于 *H* 面和 *W* 面的平面称为正平面；

平行于 *W* 投影面，垂直于 *V* 面和 *H* 面的平面称为侧平面。

图 2-53 所示为水平面的投影，图 2-54 所示为正平面和侧平面的投影。

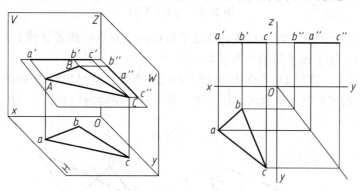

图 2-53　水平面的投影

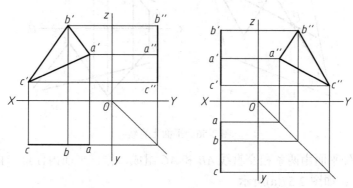

图 2-54　正平面和侧平面的投影

总结投影面平行面的投影特性如下：

(1) 平行于投影面的投影反映该平面的实形，具有实形性。

(2) 另外两投影反映积聚性，并分别积聚为平行于投影轴的一条直线。

2.4.3 平面上的点和线

1. 属于平面的点和直线

(1) 若点属于平面，则该点必过平面内一条直线。反之，若点属于该平面内一条直线，则该点必属于此平面。

如图 2-55 所示，点 D 属于平面内已知直线 AB，点 D 必属于该平面。反之若点 E 属于该平面，则点 E 必属于平面内一直线 BC。

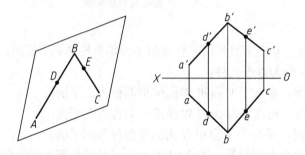

图 2-55 点属于平面

(2) 若直线属于平面，则该直线必经过平面内两已知点；或者直线必经过属于平面内一点，并且平行于属于该平面的一条已知直线。

如图 2-56 所示，直线 DE 分别经过平面内已知直线上两已知点 D 和点 E，故直线 DE 属于该平面。直线 CF 经过平面内已知点 C，并平行于平面内已知直线 AB，故直线 CF 属于该平面。

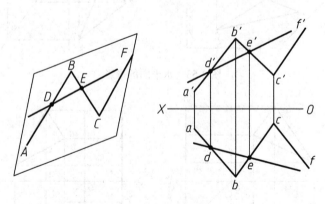

图 2-56 平面上直线

例 2-6 已知平面由两条相交直线 AB 和 AC 组成，作该平面内任意一直线。

解 解法一：如图 2-57(a)所示。

解法二：如图 2-57(b)所示。

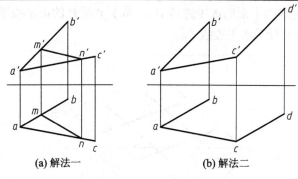

(a) 解法一　　　　　　　　　　(b) 解法二

图 2-57　求平面上直线

例 2-7　如图 2-58(a)所示，已知一正垂平面 *ABCD* 的水平投影，点 *B* 的正面投影，以及该平面与水平投影面的夹角为 45°，求平面的另外两投影。

解　解法如图 2-58(b)、(c)所示。

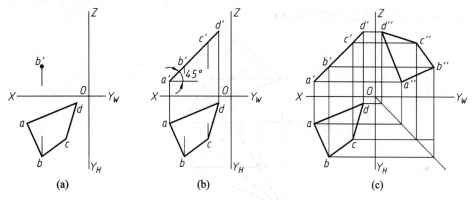

图 2-58　求平面的投影

例 2-8　如图 2-59 所示，已知△*ABC* 给定一平面，试判断点 *D* 是否属于该平面。

解　解法如图 2-59 所示，点 *D* 不属于该平面。

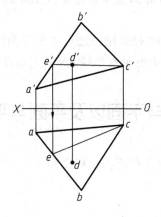

图 2-59　判断点是否属于平面

2. 属于平面的投影面平行线

如图 2-60 所示，对于一般位置平面 *P*，*P* 与投影面 *V* 的交线即平面的正面迹线 P_V，平

面 P 与投影面 H 的交线即平面的水平迹线 P_H。属于平面 P 的正平线平行于正面迹线 P_V，属于平面 P 的水平线平行于水平迹线 P_H。

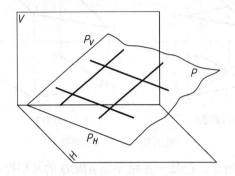

图 2-60　属于平面的投影面平行线

例 2-9　如图 2-61 所示，已知 $\triangle ABC$ 给定一平面，试过点 C 作属于该平面的正平线 CM，过点 A 作属于该平面的水平线 AN。

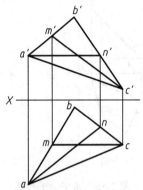

图 2-61　作属于平面的水平线和正平线

解　正平线的水平投影平行于 OX 投影轴；过点 C 的水平投影作 OX 的平行线，交直线 AB 的水平投影 ab 于点 m，cm 即是所求正平线 CM 的水平投影。求出点 M 的正面投影 m'。

水平线的正面投影平行于 OX 投影轴；过点 A 的正面投影 a' 作 OX 的平行线，交直线 BC 的正面投影 $b'c'$ 于 $n''a'n'$ 即为所求水平线 AN 的正面投影。然后作出点 N 的水平投影 n。

2.5　空间直线与平面以及平面与平面的相对位置

平面外直线与平面的相对位置有两种：相交和平行。空间任意两平面的相对位置有两种：相交和平行。

2.5.1　平行

1. 直线与平面平行

直线与平面内一条直线平行，则直线与平面平行，如图 2-62 所示。

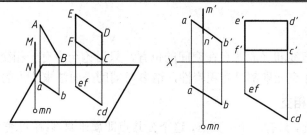

图 2-62　直线与平面平行

例 2-10　判断直线 *AB* 是否平行于平面 *ABC*，如图 2-63 所示。

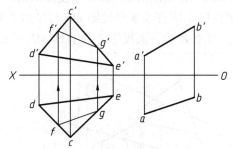

图 2-63　判断直线与平面是否平行

解　(1) 在平面内做一直线 *FG*，水平投影 *fg* 平行于直线 *AB* 的水平投影 *ab*。

(2) 求出 *FG* 的正面投影。

(3) *FG* 与 *AB* 的正面投影不平行，即直线 *AB* 不平行于平面 *CDE*。

2. 平面与平面平行

(1) 若一平面上的两相交直线分别平行于另一平面上的两相交直线，则这两平面相互平行，如图 2-64 所示。

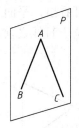
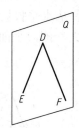
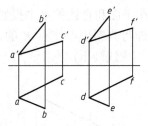

图 2-64　平面与平面平行(一)

(2) 若两投影面垂直面相互平行，则它们具有积聚性的那组投影必相互平行，如图 2-65 所示。

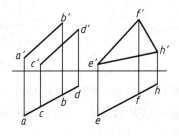

图 2-65　平面与平面平行(二)

2.5.2　相交

考虑两相交的直线和平面各自在空间的位置，只讨论至少有一相交元素有积聚性投影的交点的求法。若相交元素都没有积聚性，请参考辅助平面法求交点的有关文献资料。

1.　直线与平面相交

直线与平面相交，只有一个公共点，这个公共点即属于直线(在直线上)，又属于平面(在平面内)。

如图 2-66 所示，平面 *ABC* 是一铅垂面，其水平投影积聚为一条直线。直线 *MN* 与平面 *ABC* 的公共点 *K* 的水平投影 *k* 即直线水平投影 *mn* 与平面水平投影 *abc*(积聚为一条线)的交点，如图 2-67(a)所示。而点 *K* 的正面投影 *k′* 在直线 *MN* 的正面投影 *m′n′* 上。

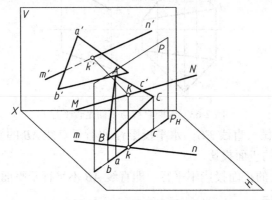

图 2-66　直线与平面相交

判别可见性：判别可见性的方法是利用重影点。如图 2-67(b)所示，在正面投影中，直线与平面有一对重影点 1 和 2。而点 1 在平面 *ABC* 上，点 2 在直线 *MN* 上，点 1 与点 2 的水平投影也分别在平面和直线的水平投影上。从水平投影可看出，平面上点 1 在前，直线上点 2 在后，即可判断出在交点 *K* 的 1、2 一侧，平面位于直线之前，即直线的正面投影 *2′k′* 不可见(用虚线画出)。

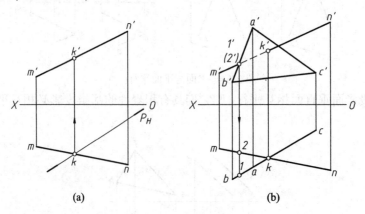

(a)　　　　　　　　　　　　　　　(b)

图 2-67　直线与平面的投影求法(一)

例 2-11　求直线 *AB* 与平面 *CKEF* 的交点。如图 2-68(a)所示。

解　解法如图 2-68(b)所示。

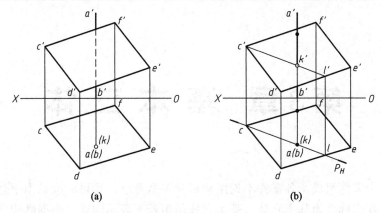

(a)   (b)

图 2-68   直线与平面的投影求法(二)

2. 平面与平面相交

如图 2-69(a)所示。平面 *ABC* 与平面 *DEF* 相交，其公共点为一交线。同时平面 *DEF* 为一铅锤面。其交线 *KL* 求法如图 2-69(b)所示。

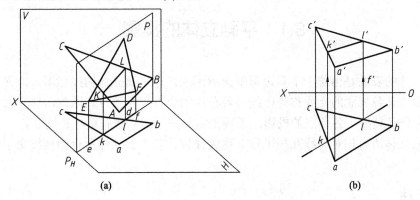

(a)   (b)

图 2-69   平面与平面相交求法

判别可见性如图 2-70 所示。

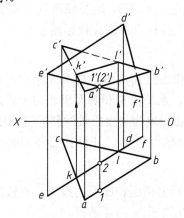

图 2-70   判别可见性

第3章 基本立体

机器由多个零件组成，各零件不论结构形状多么复杂，均可看成是由一些形状单一的几何体构成，我们称之为基本立体。基本立体是由若干表面围成，根据围成立体表面的性质，基本立体可分成两大类。

平面立体：由若干平面所围成的几何体，如棱柱、棱锥等。

曲面立体：由曲面或曲面和平面所围成的几何体，如圆柱、圆锥、圆球等。

3.1 平面立体的投影

平面立体的表面是由若干个多边形平面所围成，作平面立体的投影图，即作各平面的投影。平面立体各表面的交线称为棱线，各棱线的交点称为顶点。因此，作平面立体的投影可归结为作各棱线、各顶点的投影。工程上常见的平面立体有棱柱和棱锥。

若平面立体所有相对棱线互相平行，称为棱柱。若平面立体所有侧棱线交于一点，称为棱锥。

3.1.1 棱柱

棱柱由上下两个底面和若干侧面围成。常见的棱柱为直棱柱，它的顶面和底面为两个完全相等且平行的多边形，各侧面为矩形，侧棱线垂直于底面。若顶面和底面为正多边形，则为正棱柱。图 3-1 所示为正五棱柱直观图和投影图。

1. 投影分析

正五棱柱的顶面 $ABCDE$ 和底面 $A_0B_0C_0D_0E_0$ 为水平面，其水平投影反映实形；后侧面为正平面，正面投影反映实形，水平投影和侧面投影均积聚为平行于投影轴的直线段；其余 4 个侧面为铅垂面，水平投影积聚为与投影轴倾斜的直线段，另两面投影为矩形线框。5 条侧棱线为铅垂线，水平投影积聚为一点，正面投影和侧面投影反映实长。

2. 作图步骤

画正五棱柱的投影图，先画出顶面和底面的投影，再依次连接各顶点，作出棱线的投影并判断其可见性，如图 3-1(b)所示。

3. 总结

棱柱的投影特性为：在与棱线垂直的投影面上的投影为一反映实形的多边形，而在另外两个投影面上的投影为矩形或矩形线框组合。

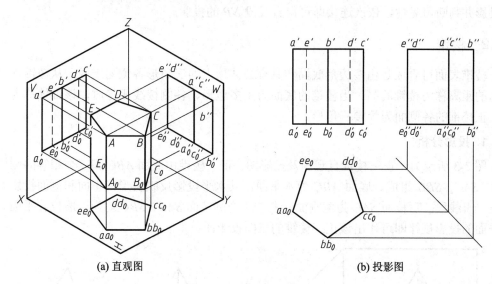

(a) 直观图　　　　　　　　　　　　　　(b) 投影图

图 3-1　正五棱柱的投影

画棱柱的投影时，先画反映棱柱特征(多边形)的投影，定高后再按投影关系画出其余两个投影(矩形组合)。

4. 棱柱表面取点和线

在立体表面上取点和线的方法与平面上取点、线相同。

例 3-1　如图 3-2 所示为一正五棱柱的投影图，已知五棱柱表面上点 M 的侧面投影 m''，求其水平投影 m 和正面投影 m'。

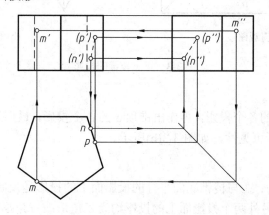

图 3-2　棱柱表面取点、线

由图可知，点 M 侧面投影 m'' 可见，则点 M 必在左边两侧棱面上，又 m'' 在前面的矩形线框内，故点 M 在左前侧棱面内。而左前侧棱面为铅垂面，所以点 M 的水平投影必在该面的水平投影上，由宽相等可确定 m，再根据长对正、高平齐确定 m'。

又已知 NP 为五棱柱表面上一直线，已知其正面投影 $n'p'$，求其水平投影和侧面投影。求直线段的投影，确定其两端点 N、P 的投影即可。根据图 3-2 所示，可知直线段 NP

的正面投影不可见，故 *NP* 应在右后侧棱面上，根据点的投影规律，确定点 *N*、*P* 的其他两面投影并判断可见性，依次连接即可得直线段 *NP* 的投影。

3.1.2　棱锥

棱锥表面可看成是由多边形底面和具有公共顶点的三角形各侧面组成。从棱锥顶点到底面的距离称为棱锥的高。当棱锥的底面为正多边形、各侧棱线相等时，该锥体称为正棱锥。正棱锥的各侧面为等腰三角形。

1. 投影分析

图 3-3 所示为一正三棱锥直观图及投影图。正三棱锥由底面 *ABC* 和三个相等的侧棱面 *SAB*、*SAC*、*SBC* 组成。底面 *ABC* 为水平面，其水平投影反映实形，正面和侧面投影均积聚成一直线段；后棱面 *SAC* 为侧垂面，左右两个侧棱面 *SAB*、*SBC* 均为一般位置平面。根据平面的投影规律即可作出该正三棱锥的三面投影图。

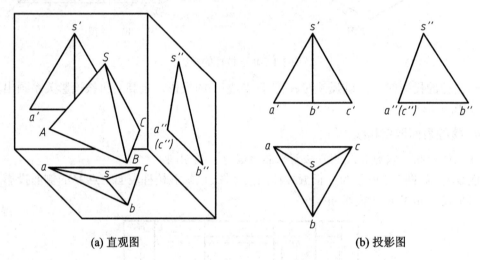

(a) 直观图　　　　　　　　　　　　　　(b) 投影图

图 3-3　正三棱锥的投影

2. 作图步骤

先画出底面 *ABC* 的各个投影，再作出锥顶 *S* 的各个投影，最后连接锥顶和底面各顶点作出棱线的投影并判断可见性，如图 3-3(b)所示。

3. 总结

棱锥的投影特性为：在与棱锥底面平行的投影面上的投影是反映底面实形的多边形(含各棱线的投影)，而在另外两个投影面上的投影均为三角形或三角形组合。

画棱锥的投影时，应先画出反映棱锥特征(即多边形、锥顶及各棱线)的投影，然后按投影关系再画出其余两个投影三角形或三角形组合。

4. 棱锥表面上取点

在棱锥表面上取点，其原理和方法与平面上取点方法相同。正三棱锥表面有特殊位置平面，也有一般位置平面。属于特殊位置平面上点的投影，可利用该平面投影有积聚性的特性直接作图。属于一般位置平面上点的投影，可通过在平面上作辅助线的方法作图。

例 3-2 如图 3-4 所示，正三棱锥表面上有两点，分别为 *M* 和 *N*，已知 *M* 点的正面投影 *m'*，求作其平面投影 *m* 和侧面投影 *m"*；已知点 *N* 的水平投影 *n*，求 *n'* 及 *n"*。

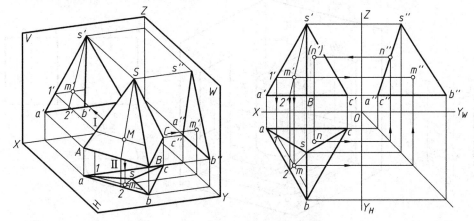

图 3-4　棱锥表面取点

由图可知，*m'* 是可见的，故点 *M* 在三棱锥左棱面 *SAB* 上，左棱面 *SAB* 为一般位置平面，三面投影均为类似形，需用辅助线法作图求出另外两个投影。过点 *M* 在 *SAB* 平面上作一辅助线 *MI* 平行于 *AB*，根据两直线平行的投影特性，即作 *1' m' //a' b'*，再作 *1m//ab*，根据长对正求出 *m*，按投影关系由 *m'*、*m*，求出点 *M* 侧面投影 *m"*。也可通过锥顶 *S* 和点 *M* 作一辅助直线求解。*N* 点在侧垂面 *SAC* 上，可利用平面积聚性求出正面投影和侧面投影。

3.2　回转体的投影

工程上常见的曲面立体为回转体。回转体是由回转面与平面或回转面所围成的立体。回转面是由一动线(或称母线)绕轴线旋转而成的。回转面上任意一位置的母线又称为素线。母线上任一点的运动轨迹皆为垂直于轴线的圆，简称为纬圆。

常见的回转体有圆柱、圆锥、圆球等。

3.2.1　圆柱

如图 3-5 所示为一轴线垂直于 *H* 面的圆柱的直观图和投影图，它由顶面、底面和圆柱面所围成。圆柱面是由一条直母线绕与之平行的轴线旋转而成的，如图 3-5(a)所示。

1. 投影分析

如图 3-5(b)所示，圆柱顶面和底面均为水平面，其水平面投影呈实形，正面投影和侧面投影积聚为直线段；圆柱面的水平投影积聚为一圆周，正面投影和侧面投影为矩形线框。其中，左右两轮廓线 $a'a_0'$、$b'b_0'$ 是圆柱面上最左、最右素线(AA_0、BB_0)的正面投影，AA_0、BB_0 这两条素线把圆柱面分为前半个和后半个，是前、后半个圆柱面可见与不可见的分界线，称其为圆柱面正面投影的转向轮廓线。同理，$c''c_0''$、$d''d_0''$ 是圆柱面上最前、最后素线(CC_0、DD_0)的侧面投影，CC_0、DD_0 这两条素线把圆柱分为左半个和右半个圆柱，是左、右半个圆柱面可见与不可见的分界线，称其为圆柱面侧面投影的转向轮廓线。

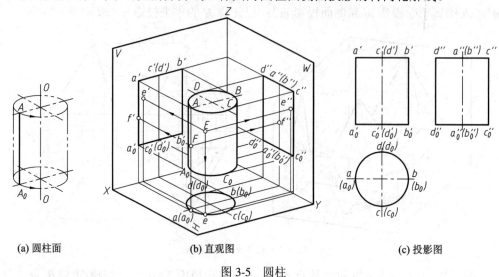

(a) 圆柱面　　　　　(b) 直观图　　　　　(c) 投影图

图 3-5　圆柱

2. 作图步骤

首先，作出圆的对称中心线和轴线的投影；其次，画出投影具有积聚性的圆；最后，根据投影关系和圆柱的高度画出圆柱的其他两面投影。

3. 总结

圆柱的投影特性为：在与轴线垂直的投影面上的投影为一圆，而在另外两个投影面上的投影均为矩形线框。

4. 圆柱表面上取点

对轴线处于特殊位置的圆柱，可利用其积聚性来取点；对位于圆柱转向轮廓线上的点，则可利用投影关系直接求出。

例 3-3　在图 3-6 中，若已知圆柱表面上点 A 和 B 的正面投影 a' 和 b'，试求出它们的其余两个投影。

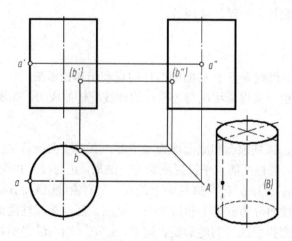

图 3-6　圆柱表面上取点

由于 b' 不可见，则点 B 必位于后半个圆柱面上；再由 b'、b 求得 b''，由于点 B 也位于右半个圆柱面上，故 b'' 不可见。而 a' 位于转向轮廓线上，可根据投影关系直接求出 a 和 a''。

3.2.2 圆锥

图 3-7 所示为一轴线垂直于 H 面的圆锥的直观图和投影图，它由底面和圆锥面所围成。圆锥面是由一条直母线绕与之相交的轴线旋转而成的，如图 3-7(a)所示。

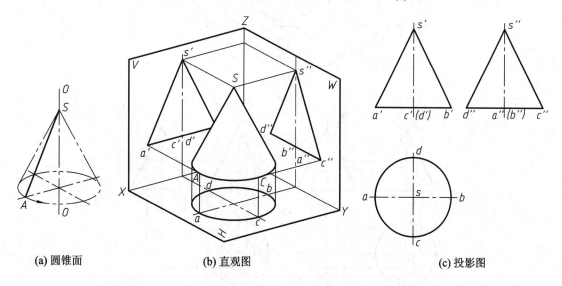

| (a) 圆锥面 | (b) 直观图 | (c) 投影图 |

图 3-7 圆锥的投影

1. 投影分析

如图 3-7(b)所示，圆锥的底面为水平面，其水平投影呈实形，正面投影和侧面投影积聚为直线段；圆锥面的水平投影为圆平面，正面投影和侧面投影均为三角形线框。其中，$s'a'$、$s'b'$ 是圆锥面上最左、最右素线 SA、SB 的正面投影，把圆锥面分为前半个和后半个，称为圆锥面正面投影的转向轮廓线；$s'c'$、$s'd'$ 是圆锥面上最前、最后素线 SC、SD 的正面投影，把圆锥面分为左半个和右半个，称为圆锥面侧面投影的转向轮廓线。

2. 作图步骤

画圆锥的投影时，首先画出对称中心线和轴线的投影，然后画出底圆和锥顶的各个投影，最后画出其转向轮廓线的投影，完成圆锥的各个投影。

3. 总结

圆锥的投影特性为：在与轴线垂直的投影面上的投影为一圆，而在另外两个投影面上的投影均为三角形线框。

4. 圆锥表面上取点

由于圆锥面的三个投影均无积聚性，除位于圆锥转向轮廓线上的点可直接求出外，其余各点都需要用辅助线法来求解。

如图 3-8 所示，已知锥面上 M 点的 V 面投影 m'，求 M 点的其他两面投影的方法有两种：辅助素线法和辅助纬圆法。

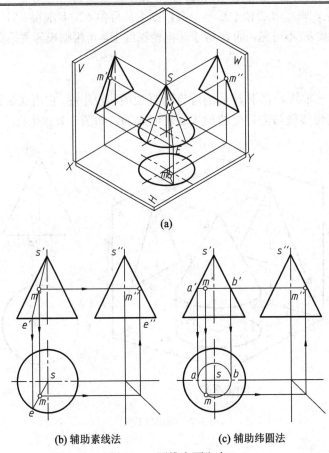

(a)

(b) 辅助素线法　　　　　　(c) 辅助纬圆法

图 3-8　　圆锥表面取点

1) 辅助素线法

辅助素线法的作图原理是过锥顶和点 M 作一条素线，求出该素线的三面投影，则点 M 的投影一定在该素线的投影上。作图步骤如图 3-8(b)所示。

(1) 在主视图上，连接锥顶 s' 和 m' 并延长，使其与底圆相交于 e'。

(2) 根据 m' 的可见性，求出辅助素线与底圆交点的水平投影 e。由于 m' 可见，所以过点 M 的辅助素线与底圆的交点 E 的水平投影在前半个圆锥面上，在俯视图中，根据点的投影规律可求出交点的水平投影 e，连接圆心 s 和点 e，即可得到辅助素线的水平投影。

(3) 根据"长对正"和点 M 从属于辅助素线，可求出点 M 的水平投影 m。

(4) 根据"高平齐、宽相等"，即可求出点 M 的侧面投影 m''。

2) 辅助纬圆法

辅助纬圆法的原理是过点 M 在圆锥面上作一个与底面平行的辅助圆，求出该圆的水平投影，则点 M 的水平投影一定在该圆上。根据 m' 的可见性和投影规律即可求出水平投影 m，然后由 m' 和 m 求出 m''，作图步骤如图 3-8(c)所示。

3.2.3　圆球

圆球的三面投影均为圆，但这三个圆代表球体上三个不同方向的纬圆，是球面对投影面的转向轮廓线的投影，这三个纬圆 A、B、C 分别平行于三个投影面，如图 3-9(a)所示，称为正平圆、水平圆、侧平圆。

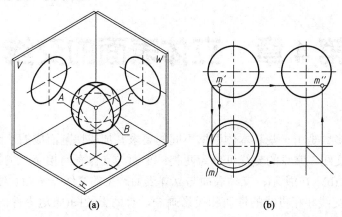

图 3-9 圆球

例 3-4 已知球面上一点 M 的 V 面投影 m'，求出点 M 的水平投影和侧面投影。

假想用水平面过点 M 将球面剖切成上下两个球冠，则点 M 一定在球冠的轮廓圆上。该轮廓圆的水平投影反映实形，画出其水平投影后，根据 m' 的可见性可求出点 M 的水平投影 m，最后由 m 和 m' 可求出侧面投影 m''，如图 3-9(b)所示。

第 4 章　立体表面的交线

　　机器零件大多数是由一些基本体根据不同的要求叠加或切割而成的，因此在立体的表面就会出现一些交线。常见的交线可分为两类：平面与立体表面相交产生的交线——截交线，如图 4-1(a)、(b)、(c)所示；立体表面与立体表面产生的交线——相贯线，如图 4-1(d)、(e)所示。了解截交线和相贯线的性质和投影画法，有助于画图(表达零件的结构形状)及读图(对零件进行形体分析)。

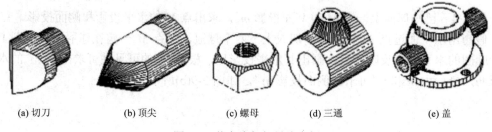

(a) 切刀　　　　　(b) 顶尖　　　　　(c) 螺母　　　　　(d) 三通　　　　　(e) 盖

图 4-1　截交线与相贯线实例

4.1　截 交 线

4.1.1　截交线的基本概念

　　平面与立体相交，可想成立体被平面所截，这个平面称为截平面，截平面与立体表面的交线称为截交线，截交线所围成的平面图形称为截断面，如图 4-2 所示。

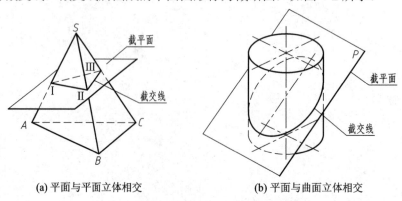

(a) 平面与平面立体相交　　　　　　　　(b) 平面与曲面立体相交

图 4-2　平面与立体相交

4.1.2　截交线的性质

截交线具有两个基本性质：

(1) 共有性：截交线是截平面和立体表面的共有线，既在截平面上，又在立体表面上。

(2) 封闭性：由于立体的表面都有一定的范围，因此截交线通常是一个封闭的平面图形。

4.1.3　平面立体的截交线

从图 4-2(a)中可看出，平面与平面立体相交，截交线是封闭的平面多边形，多边形的各边是截平面与各棱面的交线，多边形的各个顶点就是截平面与平面立体各棱线的交点，因此，可用两种方法求截交线。

(1) 利用面与面交线法：求截平面与立体上相关棱面的交线，再将各连线连成封闭的多边形，即为截交线；

(2) 利用线与面交点法：求截平面与立体上相关棱线的交点，然后依次连接各交点，即为截交线。

解题时，可单独使用一种方法，也可两种方法混合使用，以作图简便而定。

下面举例分析特殊位置平面与平面立体的截交线的作图过程(因为特殊位置平面的某些投影有积聚性，所以在求交线或交点时可利用积聚性来确定某个投影的位置)。

例 4-1　如图 4-3 所示三棱锥被正垂面所截切，完成三棱锥被截切后的水平投影和侧面投影。

分析：正垂面与三棱锥的三个棱线都有交点，所以截交线是三角形，只需找到截平面与三条棱线的交点相连即可。由于截平面 P 的正面投影积聚成一条直线，因此三棱锥各侧棱线与截平面 P 的三个交点的正面投影都积聚在 P_V 上，即截交线的正面投影已知，故只需求出其水平投影和侧面投影。

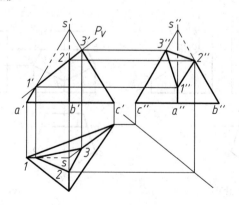

图 4-3　三棱锥被正垂面截切

作图步骤：

(1) 利用积聚性，先找到截交线各顶点的正面投影 $1'$、$2'$、$3'$，再根据点的投影规律，求出各定点的水平投影 1、2、3 及侧面投影 $1''$、$2''$、$3''$。

(2) 判断可见性，依次连接各顶点的同面投影。

(3) 补全棱线的投影。

关于截交线可见性的判断：可根据各段交线所在表面的可见与否而定。两相交表面中有可见表面时，其交线可见。

例 4-2　试完成五棱柱被两平面 P、Q 截切后的投影，如图 4-4 所示。

分析：由题意可知，五棱柱被正平面 P 及侧垂面 Q 所截，P 为正平面，它与五棱柱的截交线是四边形，水平投影和侧面投影有积聚性，正面投影有实形性；Q 为侧垂面，它与五棱柱的三个棱线相交产生三个交点 CDE，同时 P 与 Q 两截平面间产生交线 BG，这样 Q 与五棱柱的截交线是五边形，由于棱柱各个侧面的水平投影有积聚性，因此，交线的水平投影都积聚在五棱柱水平投影的五边形($bgedc$)，而交线的侧面投影积聚在 Q_W 上，故只需求出正面投影。

作图步骤：

(1) 画出截切前五棱柱的正面投影和水平投影。

(2) 求截平面 P 与五棱柱的截交线 $ABFG$ 的三面投影。

(3) 求截平面 Q 与五棱柱的截交线 $BCDEG$ 的三面投影(先求水平面和侧面，再求正面投影)。

(4) 判断可见性，加粗五棱柱被截断后所剩的棱线，擦掉被截部分。

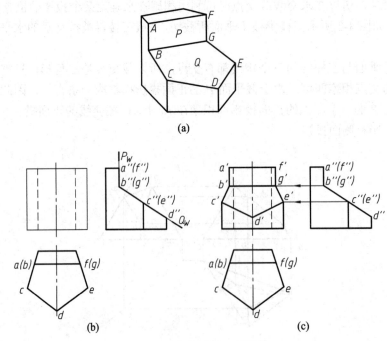

图 4-4　两平面截切五棱柱

4.1.4　曲面立体的截交线

平面与曲面立体相交，截交线也是封闭的平面图形，其可能是曲线，或者是曲线和直线围成，或者是直线，如图 4-5 所示。

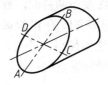

图 4-5　平面与曲面立体相交

1. 圆柱的截交线

平面与圆柱体相交时，截平面与圆柱轴线的相对位置不同，截交线有三种情况，见表 4-1。

表 4-1　平面与圆柱的截交线

立体图			
投影图			
截切平面位置	垂直于轴线	倾斜于轴线	平行于轴线
截交线	圆	椭圆或椭圆弧加直线	矩形

例 4-3　试求被平面 P 截切后圆柱的三面投影，如图 4-6 所示。

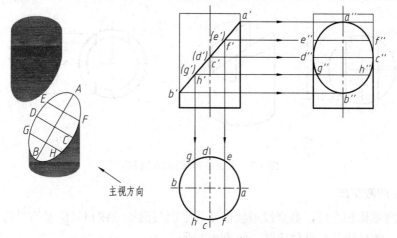

图 4-6　正垂面与圆柱的截交线

分析：截平面 P 与圆柱轴线斜交，其截交线空间上为椭圆，截平面 P 为正垂面，所以截交线的正面投影就是斜线 $a'b'$（$a'b'$ 与 P_V 重合），又因为截交线属于圆柱面，截交线的水平投影积聚于圆周，所以，截交线的 V、H 投影已知，仅需求出截交线的 W 投影。截交线的 W 投影是椭圆，因是曲线，需先求出曲线上的所有特殊点，比如最高、最低、最左、最右、最前、最后点或转向线上的点，当连线还有困难时，做一般位置点的投影，然后光滑连接，判别可见性。

作图步骤：

(1) 求特殊点：正面转向线上的点、侧面转向线上的点。

(2) 求一般点：在特殊点之间再求出适量的一般点。

(3) 判断可见性后依次光滑连接各点。

例 4-4　圆柱上部有一切口，若已知其 V 投影，试求 H、W 投影，如图 4-7(a)所示。

分析：切口是由两个侧平面和一个水平面截切而成的，因此求切口的投影，就是逐一求出各个截平面与圆柱的交线，以及截平面间的交线。

作图步骤：

(1) 求水平面 P 和圆柱的交线。

(2) 求截平面 Q、R 与圆柱的交线。

(3) 求截平面 Q、R 与截平面 P 的交线。

(4) 判断可见性并依次连线，加粗圆柱被截切后所剩的轮廓线，去掉被截切的部分。

如果空心圆柱有切口，如图 4-7(b)所示，则三个截平面与内外圆柱均有交线，与内圆柱面交线的分析方法类似于外圆柱表面交线的分析方法。

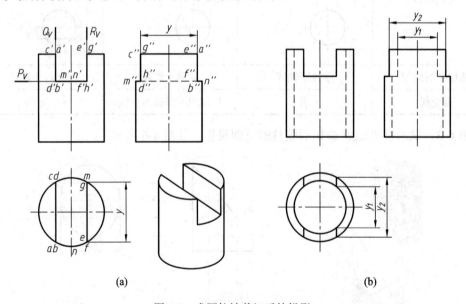

图 4-7　求圆柱被截切后的投影

2. 圆锥的截交线

平面与圆锥体相交时，截交线形状也受截平面与圆锥轴线相对位置的影响。根据相对位置的不同，截交线共有五种情况，如表 4-2 所示。

表 4-2 平面与圆锥的截交线

截切平面位置	与轴线垂直 $\theta = 90°$	与全部素线相交 $\theta > \alpha$	平行一条素线 $\theta = \alpha$	平行两条素线 $\alpha > \theta = 0°$	过锥顶
立体图					
截交线	圆	椭圆或椭圆线加直线	抛物线加直线	双曲线加直线	等腰三角形
投影图					

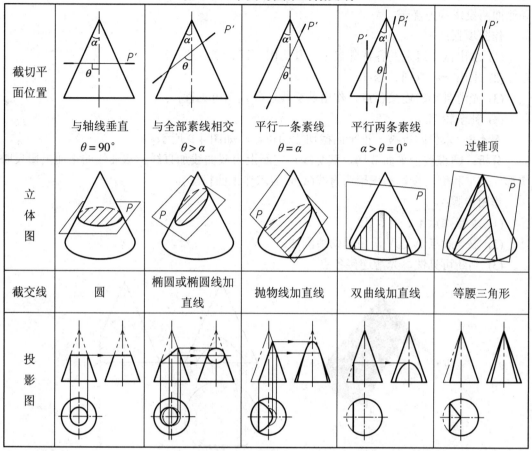

例 4-5 求作圆锥被一正垂面截切后的投影，如图 4-8 所示。

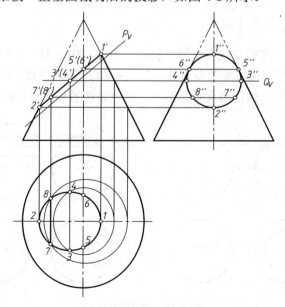

图 4-8 求圆锥被正垂面截切的投影

分析：圆锥被正垂面截切，截交线在空间上为椭圆，其正面投影积聚为直线，其水平和侧面两投影均为椭圆。

作图步骤：

(1) 求出截交线上的各特殊点Ⅰ、Ⅱ、Ⅲ、Ⅳ、Ⅴ、Ⅵ；

(2) 求出一般点Ⅶ、Ⅷ；

(3) 光滑且顺次连接各点，作出截交线，并判别可见性；

(4) 补全轮廓线。

例 4-6　求作圆锥被一正平面截切后的投影，如图 4-9 所示。

分析：圆锥被正平面截切，截交线在空间上为双曲线加直线。双曲线的正面投影反映实形，水平和侧面投影都积聚为直线(故只需求作正面投影)。

作图步骤：

(1) 求特殊点Ⅰ、Ⅱ、Ⅲ。

(2) 求一般点Ⅳ、Ⅴ，用辅助纬圆法。

(3) 判断可见性，光滑连接各点。

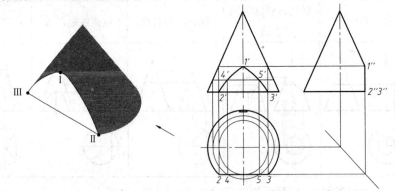

图 4-9　求圆锥被正平面截切的投影

3. 圆球的截交线

平面与圆球相交，其截交线在空间上总是一个圆。由于截平面相对于投影面的位置不同，截交线的投影可能是圆、椭圆或直线，如图 4-10 所示。当截平面平行于投影面时，截交线在所平行的投影面上的投影反映实形——圆，而在另外两面的投影积聚为直线；当截

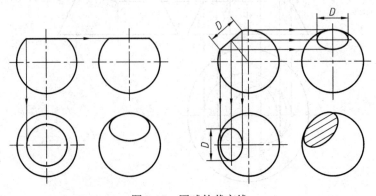

图 4-10　圆球的截交线

平面垂直于投影面时，截交线在所垂直的投影面上的投影积聚为直线，而在另外两面的投影为椭圆；当截平面为一般位置平面时，截交线在三个投影面上的投影均为椭圆。

例 4-7 求截平面与圆球的截交线，如图 4-11 所示。

分析：由于截平面 P 为铅垂面，因此截交线的 H 投影积聚为一条直线，V、W 投影均为椭圆。椭圆的作法为找出一系列共有点(特殊点和一般点)，然后光滑连接各点。

作图步骤：

(1) 求特殊点：即各转向线上的点 I、II、V、VI、VII、VIII 的投影及椭圆长轴 III、IV 点的投影。

(2) 求一般点，可在特殊点之间选择两个一般点的投影作出，图中未画出。

(3) 判别可见性，依次光滑连接各点。

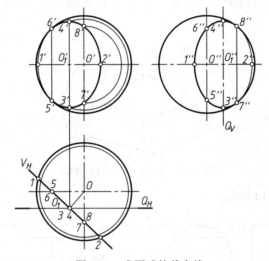

图 4-11 求圆球的截交线

例 4-8 已知半圆球切槽后的 V 面投影，求作切槽后的 H、W 面投影，如图 4-12 所示。

分析：半圆球上部的通槽由左、右对称的两个侧平面和一个水平面截切而成，它们的截交线均为一段圆弧。水平面截切圆球，截交线在俯视图上为部分圆弧，在左视图上积聚为直线。两个侧平面截切圆球，截交线在左视图上为部分圆弧，在俯视图上积聚为直线。

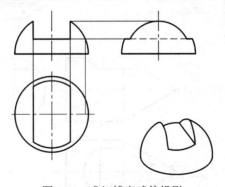

图 4-12 求切槽半球的投影

作图步骤：

(1) 作出两侧平面与半球的截交线。

(2) 作出水平面与半球的截交线。

(3) 检查截平面间的交线的投影，并画出截交线。

(4) 补全。即在侧面投影中，其通槽处的转向线被切除。

4. 复合回转体的截交线

复合回转体是基本体的组合，其截交线为各部分截交线的组合，所以求作复合回转体的截交线的方法是：先对复合回转体进行形体分析，然后分析截平面与各基本体的交线形状，分段求出各自的截交线。

例 4-9　如图 4-13 所示，求作顶尖头的截交线。

分析：顶尖头由圆锥和圆柱组合而成，截平面 *P* 为水平面，它与圆锥的截交线为双曲线，与圆柱的截交线为两条素线；截平面 *Q* 为正垂面，仅与圆柱相交，截交线是椭圆的一部分。

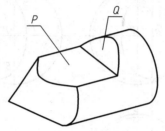

图 4-13　求作顶尖头的截交线

作图步骤：如图 4-14 所示。

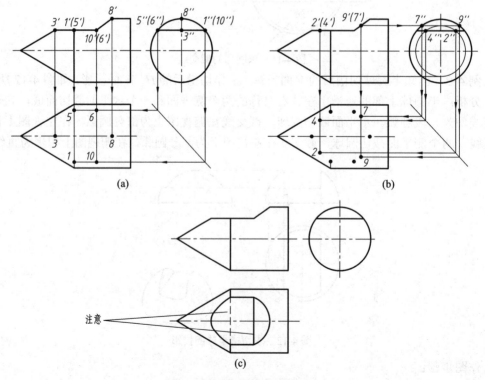

图 4-14　顶尖头截交线的画法

(1) 求作截平面 P 与圆锥的截交线双曲线。

特殊点：根据正面投影和侧面投影，可作出水平投影 1、3、5；

一般点：利用辅助纬圆法，求出双曲线上一般点的侧面投影 2″、4″及水平投影 2、4。

(2) 求作截平面 P 与圆柱的截交线。可作出水平投影 6、10。

(3) 求作截平面 Q 与圆柱的截交线部分椭圆。

特殊点：8；

一般点：利用积聚性，求出椭圆的一般点的水平投影 7、9。

(4) 判别可见性，依次光滑连接各点。

(5) 注意：最后要把截平面的交线以及各形体之间的交线画出。

【讨论】两个以上的截平面截切复合回转体时，按基本体分段求作截交线后，还应画出截平面的交线和基本体之间的交线，但必须注意：同一截平面上不应有分界线。

4.2　相　贯　线

4.2.1　相贯线的概念

两立体表面产生的交线称为相贯线。立体分为平面立体和曲面立体，所以两立体相交可以分为三类：

(1) 两平面立体相交；

(2) 平面立体和曲面立体相交；

(3) 两曲面立体相交。

如图 4-15 所示，两平面立体相交、平面立体和曲面立体相交都可看成多个平面截切平面立体或曲面立体的问题，即截交线的问题。本节重点介绍两曲面立体相交，也就是两回转体相交时相贯线的性质及作图方法。

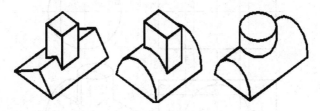

图 4-15　两立体相交

4.2.2　相贯线的基本性质

两回转体相贯线的基本性质：

(1) 共有性：由于相贯线是立体表面的交线，因此相贯线是两相交立体表面的共有线，相贯线上的点是两相交立体表面的共有点。

(2) 封闭性：由于相交两立体总有一定的范围，因此相贯线一般为封闭的空间曲线，特殊情况下也可能是平面曲线或直线，如图 4-16 所示。

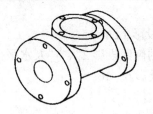
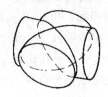
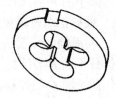

图 4-16　两回转体的相贯线

4.2.3　相贯线的求法

求作相贯线的实质就是求出两立体表面的一系列共有点。求共有点的方法通常有利用积聚性投影在立体表面取点法和辅助平面法。

为使相贯线各投影画的较准确而作图又简便，通常需先求出相贯线各投影的特殊点(投影轮廓线上的点，最高、最低、最左、最右、最前、最后点)，再求出几个特殊点中间的一般点，然后依次光滑地连接各点，并判别可见性。

判别可见性的原则：只有当相贯线同时属于两立体表面的可见部分时，才可见。

1．利用积聚性表面取点法求相贯线

当参与相交的两回转体表面有积聚性时，可利用相贯线的积聚投影来求解。

例 4-10　求作两正交圆柱的相贯线，如图 4-17 所示。

分析：两圆柱的轴线正交，即垂直相交，小圆柱面的水平投影和大圆柱面的侧面投影都有积聚性，相贯线的水平投影与小圆柱面的水平投影重合，侧面投影与大圆柱面的侧面投影(一段圆弧)重合，故只需求出相贯线的正面投影。两圆柱前后对称，因此相贯线的正面投影重合。

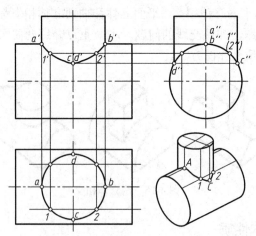

图 4-17　两正交圆柱相贯线的画法

作图步骤：

(1) 求特殊点。

两圆柱正面投影的转向轮廓线交点 *A*、*B* 是相贯线上的最高、最左、最右点；而点 *C*、*D* 是相贯线上的最低、最前、最后点。可利用投影关系直接求出 *a'*、*b'*、*c'* 和 *d'*；

(2) 求出若干个一般点Ⅰ、Ⅱ等。

(3) 光滑且顺次地连接各点，作出相贯线，并且判别可见性。

由于前后对称，相贯线正面投影的可见部分与不可见部分重合，因此只需用粗实线画出其可见部分即可。

(4) 整理轮廓线。

讨论： 两圆柱正交是零件中最常见的情况，有三种基本形式：

(1) 两外表面相交，如图 4-17 所示。

(2) 外表面与内表面相交。

(3) 两内表面相交。

图 4-18 分别是圆柱外表面与圆柱内表面相贯、圆柱内表面与圆柱内表面相贯的情况，其相贯线的求法均相同。

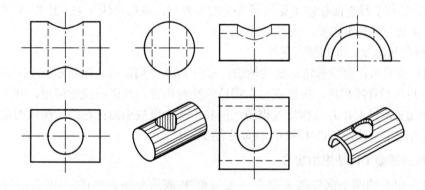

图 4-18　圆柱外表面与内表面相贯、圆柱两内表面相贯

例 4-11　求轴线垂直交叉的两圆柱的相贯线，如图 4-19 所示。

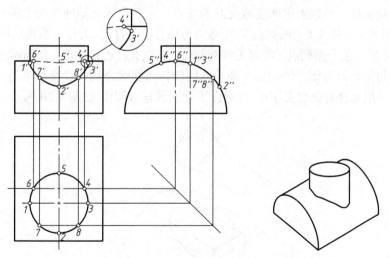

图 4-19　两垂直交叉圆柱相贯线的画法

分析： 两圆柱的轴线垂直交叉，直立圆柱的水平投影为圆，具有积聚性，相贯线的水平投影积聚在此圆上，相贯线的侧面投影积聚在水平圆柱的侧面投影圆上(两圆柱的一段共有圆弧)，显然相贯线的水平和侧面投影已知，只需求正面投影。

作图步骤：

(1) 求特殊点。

Ⅰ、Ⅲ两点是小圆柱正面转向线上的点，利用积聚性可确定其水平投影 1、3 和侧面投影 1″、3″以及正面投影 1′和 3′。同理，可确定小圆柱侧面投影轮廓线上Ⅱ、Ⅴ点的各个投影以及大圆柱正面投影轮廓线上Ⅴ、Ⅵ点的各个投影。

(2) 求一般点。

在小圆柱的水平投影上取 7、8 两点，根据点的投影规律在侧面投影上取 7″和 8″，最后求出 7′和 8′。

(3) 光滑连接各点，并进行可见性判断。

对小圆柱而言，1′、3′前面可见后面不可见，而对于大圆柱而言，5′、6′前面可见后面不可见，根据是相贯线可见性判断原则，同时属于两立体表面的可见部分时才可见，因此，1′、3′是相贯线正面投影可见与不可见的分界点，故相贯线 1′-7′-2′-8′-3′可见，画粗实线；3′-4′-5′-6′-1′不可见，画细虚线。

(4) 整理轮廓线，并判别可见性。

两圆柱相贯后正面投影轮廓线的画法，如图 4-19 中局部放大图所示。小圆柱的轮廓线画到 3′，并与相贯线相切，根据它与大圆柱的相对位置，其正面投影可见，画粗实线。大圆柱的轮廓线画到 4′，并与相贯线相切，但其中一小段被小圆柱遮挡，画成细虚线。两立体相贯后为一个整体，所以 4′和 6′中间没有线。

2. 利用辅助平面法求相贯线

当参与相交的两个回转体表面之一无积聚性(或均无积聚性)时，可采用辅助平面法求解。

辅助平面法：就是在相交两回转体的适当部位作一辅助平面，先分别求出辅助平面与两回转体的截交线，然后求出两条截交线的交点，该交点既是辅助平面上的点，又是两回转体表面的共有点，称为"三面共点"，它必定为相贯线上的点。若作一系列这样的辅助平面，便可求得相贯线上的一系列点，经可见性判断后，依次光滑连接各点，即为所求的相贯线。

辅助平面的选择原则：使辅助平面与两回转体表面截交线的投影简单易画，例如直线或圆，所以一般选择特殊位置平面(投影面平行面或垂直面)，如图 4-20 所示。

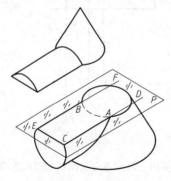

图 4-20　辅助平面法

例 4-12　求圆柱与圆锥正交的相贯线，如图 4-21 所示。

分析：由于圆柱的侧面投影积聚为圆，故相贯线的侧面投影也重影于该圆周上，只需求作它的正面投影和水平投影。

作图步骤：

(1) 求特殊点。

在正面投影上，两回转体的转向轮廓线的交点 a'、b' 可直接求得，它们是相贯线上的最高、最低点；然后过圆柱轴线作辅助平面(水平面)，由 c、d 可求得 c' 和 d'。

(2) 求一般点。

同理，作两个辅助平面，分别求得相贯线上的 I、II 和 III、IV 点。

(3) 判别可见性后依次光滑连接各点的正面投影和水平投影。

(4) 整理轮廓线并判别可见性。

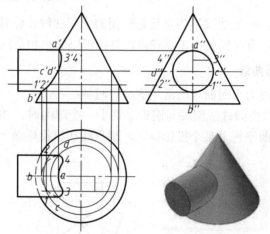

图 4-21　圆柱和圆锥正交相贯线的画法

例 4-13　求圆柱与圆球的相贯线，如图 4-22 所示。

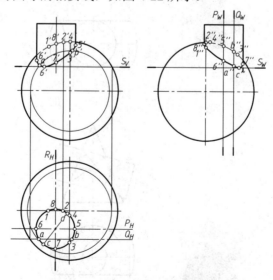

图 4-22　圆柱与圆球相贯线的画法

分析：圆柱的轴线不通过球心，相贯线为空间曲线，由于圆柱的 H 投影为圆，有积聚性，因此相贯线的 H 投影积聚在此圆上，需求出 V、W 投影。选用投影面的平行面作为辅助面来解。

作图步骤：

(1) 求特殊点：圆球正面转向线上的点 I、II；圆球侧面转向线上的点 III、IV；圆柱正面转向线上的点 V、VI；圆柱侧面转向线上的点 VII、VIII 以及点 C。

(2) 求一般点：在水平投影 5、7 以及 6、7 之间选择 a、b 两点，用辅助平面法求出其正面投影，进而求出侧面投影。

(3) 光滑连接各点，并判别可见性。

(4) 整理轮廓线，并判别可见性。

4.2.4　相贯线的特殊情况

两回转体相交时，一般情况下相贯线是封闭的空间曲线，特殊情况下可能是平面曲线或直线。这种情况下，有时候就不需要找点，直接可以做出相贯线的投影图。

1. 相贯线为平面曲线

两回转体的相贯线为平面曲线的常见情况有两种：

(1) 当轴线相交的两圆柱或圆柱与圆锥公切于一个球面时，相贯线在空间上为椭圆。当它们的公共对称平面平行于某个投影面时，相贯线在该投影面上的投影积聚为直线，如图 4-23 所示。

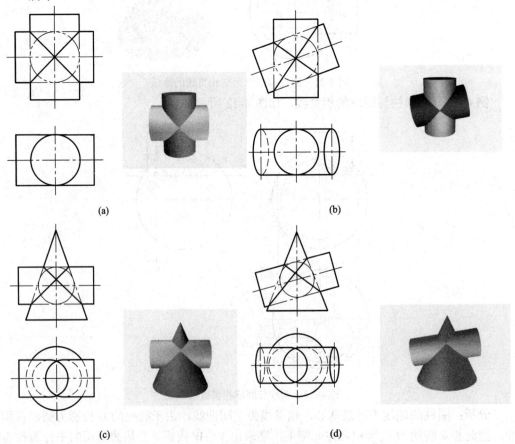

(a)　　　　　　　　　　　　　　　(b)

(c)　　　　　　　　　　　　　　　(d)

图 4-23　公切于一球的两圆柱、圆柱和圆锥的公切线

(2) 两回转体同轴时，相贯线在空间上一定是垂直于公共轴线的圆，如图 4-24 所示。

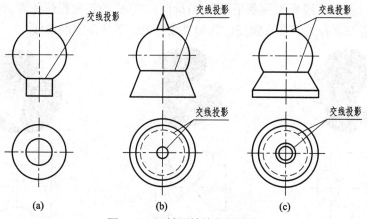

图 4-24　同轴回转体的相贯线

2．相贯线为直线

两回转体的相贯线为直线的常见情况也有两种：

(1) 两轴线相互平行的两个圆柱体相交时，其相贯线为平行于轴线的两条直线，如图 4-25(a)所示。

(2) 两共锥顶的圆锥体相交，其相贯线为过锥顶的两条相交直线，如图 4-25(b)所示。

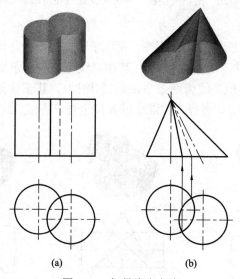

图 4-25　相贯线为直线

4.2.5　相贯线的变化趋势

当两立体相交时，它们的尺寸大小及相对位置的变化都会影响相贯线的变化，掌握相贯线的变化趋势，对提高空间想象力和正确作图都有较大帮助。

1．尺寸大小变化对相贯线形状和位置的影响

1) 两圆柱轴线正交

如图 4-26 所示，两圆柱正交，直立圆柱的直径不变，水平圆柱的直径逐渐增大。图 4-26(a)

为水平圆柱直径小于直立圆柱，其相贯线为左右两条空间曲线；图 4-26(b)为水平圆柱直径
等于直立圆柱，其相贯线变为两条平面曲线(椭圆)，它们的正面投影积聚为两条直线；图
4-26(c)为水平圆柱直径大于直立圆柱，其相贯线变为上下两条空间曲线。

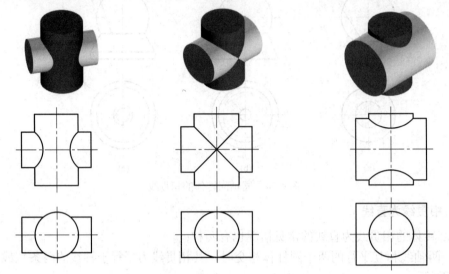

    (a) 水平圆柱直径小于直立圆柱   (b) 两圆柱直径相等   (c) 水平圆柱直径大于直立圆柱

图 4-26　两正交圆柱尺寸大小变化对相贯线的影响

2) 圆柱与圆锥轴线正交

如图 4-27 所示，直立圆锥的尺寸不变，而水平圆柱的直径逐渐增大。图 4-27(a)为圆柱
直径小于公切球直径，圆柱穿过圆锥全贯，其相贯线为左右两条空间曲线；图 4-27(b)为圆
柱和圆锥公切于一球，其相贯线为两条平面曲线(椭圆)，其正面投影积聚为两条直线；图
4-27(c)为圆柱直径大于公切球直径，圆锥穿过圆柱全贯，其相贯线变为上下两条空间曲线。

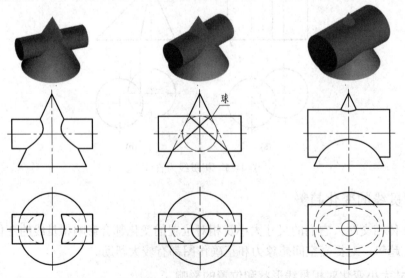

    (a) 圆柱穿过圆锥全贯   (b) 圆柱与圆锥公切于一球   (c) 圆锥穿过圆柱全贯

图 4-27　圆柱与圆锥正交尺寸大小变化对相贯线的影响

2. 相对位置变化对相贯线形状和位置的影响

两相贯立体的形状、尺寸大小都不变，仅改变它们的相对位置，相贯线的形状和位置也随之变化。

如图 4-28 所示，参与相交的两圆柱直径都不变，仅仅改变其前后相对位置，其相贯线也随之改变。图 4-28(a)为直立圆柱全贯穿于水平圆柱，其相贯线为上下两条空间曲线；图 4-28(c)为水平圆柱和直立圆柱互贯，其相贯线变为一条空间曲线；图 4-28(b)为上述情况的临界状态，其相贯线变为一条空间曲线，并相切于一点。

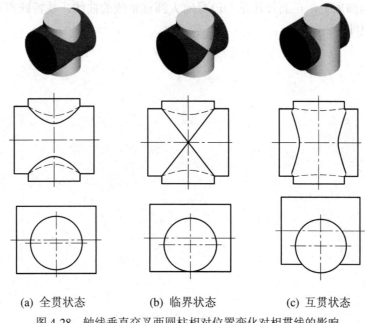

(a) 全贯状态　　　　　　　　(b) 临界状态　　　　　　　　(c) 互贯状态

图 4-28　轴线垂直交叉两圆柱相对位置变化对相贯线的影响

4.2.6　复合相贯线

两个或三个以上立体相交，其表面形成的交线称为复合相贯线。求复合相贯线时，必须先分析该组合形体是由哪些立体组成的，它们之间有哪些相互关系，产生哪些相贯线，然后再逐一求出各自的相贯线。

例 4-14　求半球与两个圆柱体的复合相贯线，如图 4-29 所示。

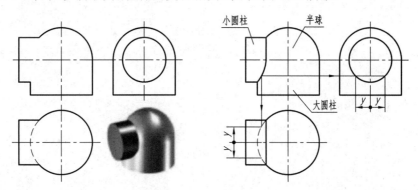

图 4-29　半球与两个圆柱相贯

分析：因铅垂的大圆柱与半球相切，故没有交线。

左边小圆柱的上半部与半球相交，是同轴回转体相交，相贯线为一垂直于轴线的半圆。左边小圆柱的下半部与大圆柱相交，属于直径不同的两圆柱正交，其相贯线为一条空间曲线。

作图步骤：

(1) 小圆柱面与半球面相贯线的侧面投影积聚在小圆柱面的上半个圆周上，其正面投影和水平投影均为直线。

(2) 小圆柱面与大圆柱面的相贯线是直径不等的两圆柱正交，其侧面投影和水平投影都积聚在各自的圆周上，正面投影是一段弯向大圆柱轴线的曲线，找特殊点和一般点，然后光滑连接各点即可。

第5章 轴 测 图

工程实际中常用的图样是多面正投影图,因为它的投影可以反映立体真实的形状大小,有很好的度量性,但其缺点是缺乏立体感,对于缺乏读图基础的人,难以看懂,如图 5-1(a)所示。而轴测图 c 立体感强,易于读图,但是轴测图不能反映立体各表面的实形,度量性差,作图也比较复杂,如图 5-1(b)所示。因此,工程上用多面正投影图作为正式的生产图样,而常用轴测图作为辅助图样,用来帮助人们读懂正投影图。

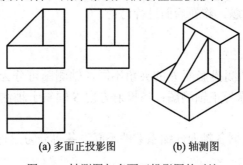

(a) 多面正投影图　　　　(b) 轴测图

图 5-1　轴测图与多面正投影图的对比

5.1 轴测图的基本知识

5.1.1 轴测图的形成

将物体连同其参考直角坐标系,沿着不平行于任何一个坐标平面的方向,用平行投影法将其投射到单一投影面所得的具有立体感的图形,称为轴测投影图,简称轴测图。如图 5-2 所示。单一投影面 P 称为轴测投影面,投射线方向 S 称为投射方向,空间直角坐标系 OX、OY、OZ 在 P 面上的投影 O_1X_1、O_1Y_1、O_1Z_1 称为轴测投影轴,简称轴测轴。

5.1.2 轴间角和轴向伸缩系数

轴间角:在轴测图中,每两个轴测轴之间的夹角称为轴间角,如图 5-2 中的 $\angle X_1O_1Y_1$、$\angle X_1O_1Z_1$、$\angle Y_1O_1Z_1$。随着空间坐标轴、投射方向与轴测投影面的相对位置不同,轴间角大小也不同。在轴测图中,任何一个轴间角不可为零。

轴向伸缩系数:由于形体上三个空间坐标轴与轴测投影面的倾斜角度不同,所以在轴测图上各条轴线长度的变化程度也不一样。因此把轴测轴上的线段与空间坐标轴上对应线段的长度之比，称为轴向伸缩系数。我们用 p、q、r 分别表示 OX、OY、OZ 轴的轴向伸缩系数。

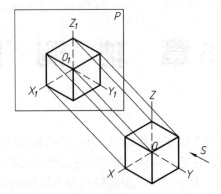

图 5-2　轴测图的形成

从图 5-2 可以看出，轴向伸缩系数和轴间角是绘制轴测投影的作图依据。如何确定轴向伸缩系数和轴间角的问题，将在后面进行讨论。

5.1.3　轴测图的分类

根据投射方向 S 对轴测投影面 P 的夹角不同，轴测图可分为两类：当投射方向 S 垂直于轴测投影面 P 时，称为正轴测图；当投射方向 S 倾斜于轴测投影面 P 时，称为斜轴测图。

这两类轴测图，又根据各轴向伸缩系数的不同，各自分为三种：

1. 正轴测图

(1) 正等轴测图(简称正等测)：$p = q = r$；

(2) 正二轴测图(简称正二测)：$p = q \neq r$ 或 $p = r \neq q$ 或 $q = r \neq p$；

(3) 正三轴测图(简称正三测)：$p \neq q \neq r$。

2. 斜轴测图

(1) 斜等轴测图(简称斜等测)：$p = q = r$；

(2) 斜二轴测图(简称斜二测)：$p = q \neq r$ 或 $p = r \neq q$ 或 $q = r \neq p$；

(3) 斜三轴测图(简称斜三测)：$p \neq q \neq r$。

工程上用得较多的是正等轴测图和斜二轴测图，本章只介绍这两种轴测图的画法。

5.1.4　轴测图的基本性质

由于轴测图是用平行投影法得到的，所以它具有平行投影的特性。

(1) 平行性。空间两直线平行，其轴测投影仍相互平行。

(2) 从属性。空间从属于 OX、OY、OZ 轴的点，其轴测投影仍从属于相应的轴测轴 O_1X_1、O_1Y_1、O_1Z_1。

(3) 等比性。空间相互平行的线段之比等于它们的轴测投影之比。

根据以上性质，若已知各轴向伸缩系数，在轴测图中即可按比例量取长度，画出平行于轴测轴的各线段，这就是轴测图中"轴测"二字的含义。

5.2 正等轴测图

5.2.1 正等轴测图的形成

如图 5-3 所示,当投射方向 S 垂直于轴测投影面 P,并且三个投影轴的轴向伸缩系数相同,即物体的三个空间坐标轴对轴测投影面的倾角相等时,所得到的轴测图称为正等轴测图。

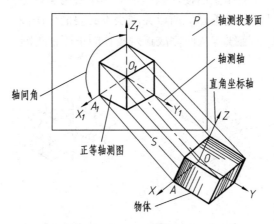

图 5-3　正等轴测图的形成

5.2.2 正等轴测图的参数

1．轴间角

正等轴测图的三个轴间角 $\angle X_1O_1Y_1 = \angle X_1O_1Z_1 = \angle Y_1O_1Z_1 = 120°$。作图时规定 O_1Z_1 轴为竖直方向,另外两轴分别画成与水平线成 30° 的斜线,如图 5-4(a)所示。

2．轴向伸缩系数

在正等轴测图中,三个轴测轴的轴向伸缩系数相等,即 $p = q = r = 0.82$,如图 5-4(c)所示。为了作图方便,常采用简化系数,即 $p = q = r = 1$,这样画出的轴测图与原轴测图形状一样,只是大小比原轴测图沿轴向分别放大了约 $1 / 0.82 = 1.22$ 倍,如图 5-4(d)所示。

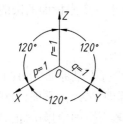 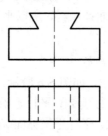 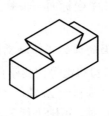 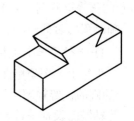

(a) 轴间角和轴向伸缩系数　　(b) 正投影图　　(c) $p = q = r = 0.82$　　(d) $p = q = r = 1$

图 5-4　正等轴测图的轴间角和轴向伸缩系数

5.2.3　正等轴测图的画法

1. 平面立体正等轴测图的画法

画轴测图的方法有坐标法、切割法和叠加法。绘制平面立体正等轴测图的基本方法是坐标法，即先在物体三视图中确定坐标原点和坐标轴，然后按物体上各顶点相对于坐标原点的三个坐标值，采用简化轴向变形系数，依次画出各顶点的轴测图，由点连线而得到物体的正等轴测图。为使图形清晰，便于看图，轴测图的不可见轮廓线通常不画。

例 5-1　根据正六棱柱的正投影图，作出其正等轴测图。(如图 5-5 所示)

分析：用坐标法，为使作图简便，取顶面对称中心为坐标原点，如图 5-5(a)所示。同时，因为轴测图不可见轮廓线不画，所以为减少不必要的作图线，可从顶面入手，画顶面的轴测图，然后再定高、连线，从而完成正六棱柱的正等轴测图。

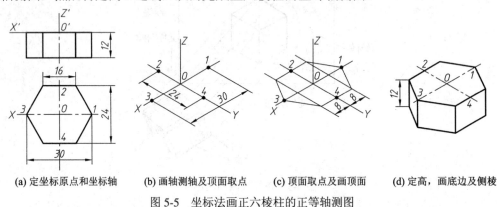

(a) 定坐标原点和坐标轴　　(b) 画轴测轴及顶面取点　　(c) 顶面取点及画顶面　　(d) 定高，画底边及侧棱

图 5-5　坐标法画正六棱柱的正等轴测图

作图步骤：

(1) 在投影图上建立坐标系，选择顶面对称中心为坐标原点 O，如图 5-5(a)所示。

(2) 画出轴测轴 O-XYZ，根据尺寸 30、24 量取 1、3、2、4 点，如图 5-5(b)所示。

(3) 根据轴测投影的平行性，过 2、4 点作 OX 轴的平行线，并在 2、4 点两边各取 8，得到另外 4 个顶点，连接各顶点得到六棱柱顶面图形，如图 5-5(c)所示。

(4) 过各个顶点作 Z 轴的平行线，量取立体的高度 12，画各侧棱及底面图形，加粗可见轮廓线，擦去被遮挡的棱线，即完成正六棱柱的正等轴测图，如图 5-5(d)所示。

2. 回转体正等轴测图的画法

画回转体正等轴测图时，经常涉及画平行于三个坐标面的圆(即水平圆、正平圆、侧平圆)的正等轴测图。由于三个坐标面与轴测投影面都倾斜，所以平行于三个坐标面的圆的正等轴测图均为椭圆。

1) 平行于三个坐标面的圆的正等轴测图的画法

平行于三个坐标面的圆的正等轴测图是椭圆，如图 5-6 所示。平行于坐标面 XOY(水平面)的圆的正等轴测图长轴垂直于 Z_1 轴，短轴平行于 Z_1；平行于坐标面 YOZ(侧平面)的圆的正等轴测图长轴垂直于 X_1 轴，短轴平行于 X_1 轴；平行于坐标面 XOZ(正平面)的圆的正等轴测图长轴垂直于 Y_1 轴，短轴平行于 Y_1 轴。概括起来即：平行坐标面的圆的正等轴测图是椭圆，椭圆长轴垂直于不包括圆所在坐标面的那个轴测轴，椭圆短轴平行于该轴测轴。

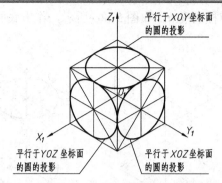

图 5-6　平行于三个坐标面的圆的正等轴测图

用坐标法画椭圆时，理论上应找出圆周上若干点在轴测图中的位置，然后用曲线板将这些点光滑连接成椭圆，但这种方法比较繁琐，因此在实际作图中，我们采用菱形法近似画椭圆，即用四段圆弧来代替椭圆。

以水平圆为例，说明用菱形法近似画正等轴测图(椭圆)的步骤，如图 5-7 所示。

(1) 通过圆心 O 作坐标轴 OX、OY，以及圆的外切正方形，切点为 1、2、3、4，如图 5-7(a)所示。

(2) 作轴测轴 OX、OY，以及切点 1、2、3、4，通过这些点作轴测轴的平行线，得外切正方形的轴测菱形，短对角线的顶点为 O_1、O_3，如图 5-7(b)所示。

(3) 连接 $4O_1$ 和 $1O_3$ 交于点 O_4，连接 $3O_1$ 和 $2O_3$ 交于点 O_2，点 O_2、O_4 均在长对角线上，如图 5-7(c)所示。

(4) 以 O_1、O_3 为圆心，以 O_14 为半径画弧；以 O_2、O_4 为圆心，以 O_41 为半径画弧；四段圆弧即连成近似的椭圆，如图 5-7(d)所示。

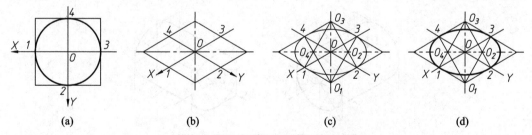

| (a) | (b) | (c) | (d) |

图 5-7　菱形法画水平圆的正等轴测图

菱形法画椭圆时，可将水平圆看成一个正方形(四边分别平行于 OX、OY 轴)的内切圆，如图 5-7(a)所示，先作出外切正方形的正等轴测图——菱形，如图 5-7(b)所示，再利用菱形完成近似椭圆的作图，故称为菱形法。

2) 常见回转体的正等轴测图的画法

绘制圆柱、圆锥台、圆锥的正等轴测图时，一般先画出顶面圆(或锥顶)和底面圆的正等轴测图，再画其转向线即两椭圆的公切线(或过锥顶作椭圆公切线)即可。下面以直立圆柱的正等轴测图为例来详细说明。

例 5-2　求作直立圆柱的正等轴测图，如图 5-8 所示。

分析：先作顶面圆、底面圆的正等轴测图，再作两椭圆公切线即可。注意：为了减少不必要的作图线，完成顶面圆的正等轴测图后，将顶面椭圆的长、短轴上圆心 3、4、2 和

切点 A、B 分别向下移动圆柱高度 h，如图 5-8(c)所示，作出底面圆的可见部分即可。

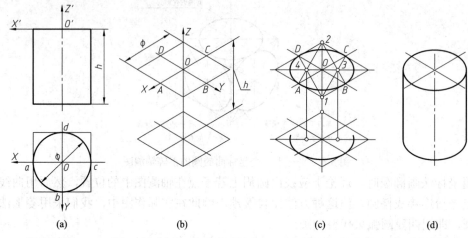

(a)　　　　　　　　　　(b)　　　　　　　　　　(c)　　　　　　　　　　(d)

图 5-8　直立圆柱的正等轴测图

作图步骤：

(1) 在正投影图中建立坐标系，作圆的外切正方形 $abcd$，如图 5-7(a)所示。

(2) 作正等轴测轴，以及切点 A、B、C、D，利用平行性得到辅助菱形，如图 5-7(b)所示。

(3) 作顶面圆的正等轴测图，然后将顶面椭圆的长、短轴上圆心 3、4、2 和切点 A、B 分别向下移动圆柱高度 h，如图 5-8(c)所示，作出底面圆的可见部分即可。

(4) 作两椭圆的公切线，加深可见轮廓线，省略不可见轮廓线，如图 5-8(d)所示。

当圆柱轴线垂直于正平面或侧平面时，轴测图的画法与上述类似，只是圆平面内所含的轴测轴应分别为 X、Z 和 Y、Z，如图 5-9 所示。

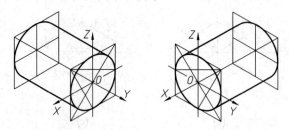

图 5-9　不同方向圆柱的正等轴测图

图 5-10 为圆锥台正等轴测图的画法。

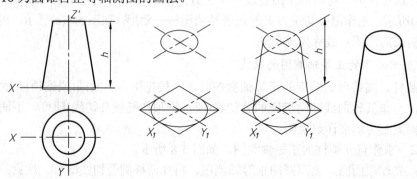

图 5-10　圆锥台的正等轴测图

3．带圆角底板的正等轴测图的画法

底板圆角是圆的 1/4，其正等轴测图恰好就是圆的正等轴测图椭圆四段圆弧中的一段。从图 5-7 用菱形法近似画椭圆可以看出：菱形的钝角与大圆弧相对，锐角与小圆弧相对，菱形相邻两边的中垂线的交点就是该圆弧的圆心，因此画圆角正等轴测图时，只要在作圆角的边上量取圆角半径 R，自量得的点作边线的垂线，然后以两垂线交点为圆心，以交点至垂足的距离为半径画圆弧，所得圆弧即为圆角的正等轴测图。

带圆角底板的正等轴测图的作图步骤如图 5-11 所示。

(1) 根据三视图，先画出不带圆角的长方体底板的正等轴测图，如图 5-11(a)所示。

(2) 在底板上表面有圆角的相应边上按圆角半径 R 找到相应切点 A、B，并过切点作边线的垂线，其交点 O_1、O_2 就是轴测圆角的圆心。以 O_1、O_2 为圆心，以 O_1A、O_2B 为半径画圆弧，即为圆角的正等轴测图，如图 5-11(a)所示。

(3) 将 O_1、O_2 向下平移底板厚度 h 得到 O_3、O_4，用(2)中相同的方法画出底板底面的圆角，并作轮廓转向线处两圆弧的公切线，如图 5-11(b)所示。

(4) 加深可见轮廓线，擦除多余的作图辅助线，完成最终图形，如图 5-11(c)所示。

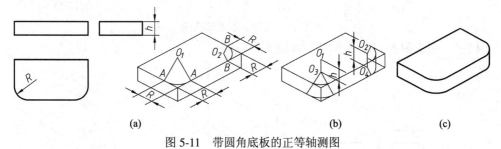

图 5-11 带圆角底板的正等轴测图

4．组合体正等轴测图的画法

作组合体正等轴测图时，应先对组合体进行形体分析，根据其组合形式(叠加还是挖切)，选择用叠加法还是切割法来作图。

例 5-3 完成支架的正等轴测图，如图 5-12 所示。

分析：由视图可知，支架是由相互垂直的两块板叠加而成，立板是由一块三角形板和圆柱板相切构成，并沿圆柱轴线开了一个圆孔，底板是带有两个圆角的长方形板，其左右开有两通孔。作图时用叠加法逐一画出各形体。由于该组合体左右对称，为作图方便，将坐标原点设在底板底面、后面中点处。

作图步骤：

(1) 建立如图 5-12(a)所示坐标及坐标原点，画轴测轴，如图 5-12(b)所示。

(2) 画底板的外轮廓和确定上板圆孔的中心 O_2 和 O_3，如图 5-12(b)所示。

(3) 分别以 O_2 和 O_3 为椭圆心，用菱形法画出上板圆柱形部分椭圆和立板、底板交线上的 1、2、3、4 四个点，如图 5-12(c)所示。

(4) 作与椭圆相切的立板及立板上的切线，如图 5-12(d)所示。

(5) 作底板上两圆孔的轴测图，如图 5-12(e)所示。

(6) 作底板圆角的轴测图，如图 5-12(f)所示。

(7) 加深可见轮廓线，去掉多余辅助线，完成作图，如图 5-12(g)所示。

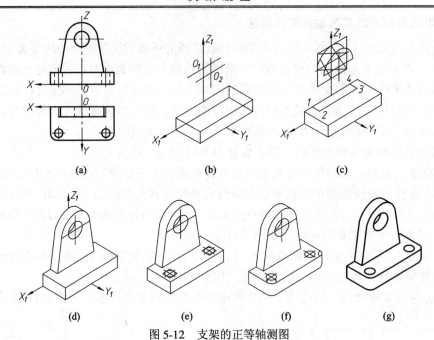

图 5-12　支架的正等轴测图

例 5-4　完成图 5-13(a)所示切割体的正等轴测图。

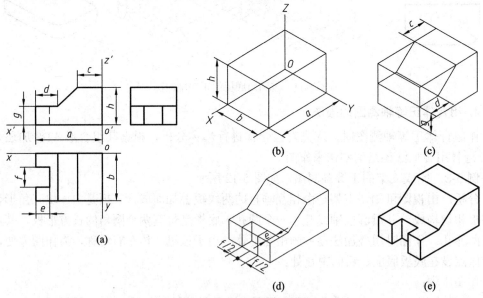

图 5-13　切割体的正等轴测图画法

分析：由视图可知，该立体是长方体经过水平面和正垂面切去一个左角，再由两个正平面和一个侧平面切掉一个凹槽所得的立体。作图时用切割法，即先画出完整的长方体的正等轴测图，然后再逐一切去，得到最终立体的正等轴测图。

作图步骤：

(1) 在三视图上确定坐标轴，原点位置定在长方体的底面后边右边的顶点，如图 5-13(a)所示。

(2) 作出轴测轴并画出长方体，如图 5-13(b)所示。

(3) 根据尺寸 g、d、c 切出左角,如图 5-13(c)所示。

(4) 根据尺寸 f、e 切出凹槽,如图 5-13(d)所示。

(5) 加深可见轮廓线,擦除多余辅助线,完成作图,如图 5-13(e)所示。

例 5-5 完成两正交圆柱的正等轴测图,如图 5-14 所示。

分析:绘制两正交圆柱的正等轴测图时,可以先画出两正交圆柱的轴测图,然后再用坐标法,根据相贯线上各点的坐标,作出一系列点的轴测图,光滑连接即可。

作图步骤:

(1) 在视图上作出 Ⅰ、Ⅱ、Ⅲ、Ⅳ、Ⅴ各点的投影,如图 5-14(a)所示。

(2) 作出两正交圆柱的正等轴测图,如图 5-14(b)所示。

(3) 根据各点的坐标,例如点Ⅲ(x_3、y_3、z_3),作出一系列点的轴测图,光滑连接各点即可,如图 5-14(c)所示。

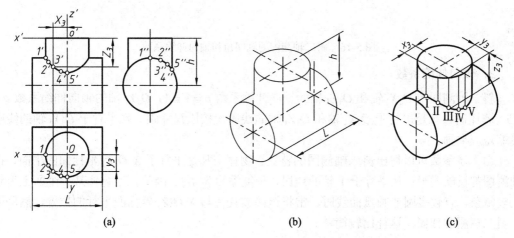

| (a) | (b) | (c) |

图 5-14 两正交圆柱正等轴测图的画法

5.3 斜二轴测图

5.3.1 斜二轴测图的形成

斜轴测图的形成条件是"物体正放,光线斜射"。工程上常用的是斜二轴测图,如图 5-15 所示,将物体上参考坐标系的 OZ 轴铅垂放置,并使 XOZ 坐标面平行于轴测投影面,投射方向倾斜于轴测投影面时,得到斜轴测图(此时轴间角 $\angle X_1 O_1 Z_1 = 90°$,X 轴和 Z 轴的轴向伸缩系数 $p = r = 1$,而轴测轴 $O_1 Y_1$ 的方向和轴向伸缩系数 q 可随着投射方向的变化而不同)。当所选择的投射方向使得 $\angle X_1 O_1 Y_1 = 135°$,$q = 0.5$ 时,这种轴测图称为斜二轴测图,简称斜二测。

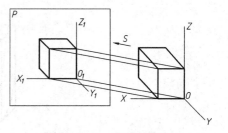

图 5-15 斜二轴测图的形成

5.3.2　斜二轴测图的参数

1．轴间角

斜二轴测图的轴间角$\angle X_1O_1Y_1 = \angle Y_1O_1Z_1 = 135°$，$\angle X_1O_1Z_1 = 90°$。作图时，将轴测轴$O_1X_1$画成侧垂线，$O_1Z_1$画成铅垂线，$O_1Y_1$画成与水平位置成$45°$的斜线，如图5-16所示。

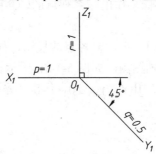

图5-16　斜二轴测图的轴间角和轴向伸缩系数

2．轴向伸缩系数

斜二轴测图中O_1X_1轴和O_1Z_1轴的轴向伸缩系数$p = r = 1$，O_1Y_1轴的轴向伸缩系数$q = 0.5$。作图时，凡是平行于O_1X_1轴和O_1Z_1轴的线段均按原尺寸画，凡平行于O_1Y_1轴的线段要缩短一半画。

由上述参数可以得出斜二轴测图的特点：物体上凡是平行于$X_1O_1Z_1$坐标面的平面，在轴测图都反映实形，凡平行于Y轴的线段，长度缩短为1/2。因此，当物体某一个面上形状比较复杂，有较多圆或圆弧曲线时，常将该面放置在与$X_1O_1Z_1$坐标面平行的位置，然后采用斜二轴测图作图，这样比较简单。

5.3.3　斜二轴测图的画法

1．平行于三个坐标面的圆的斜二轴测图的画法

在斜二轴测图中，平行于XOZ坐标面的圆反映该圆的实形，平行于XOY和YOZ坐标面的圆的投影是椭圆。各椭圆的长轴长度为$1.06d$，短轴长度为$0.33d$，其长轴分别和OX、OZ轴成$7°10'(\approx 7°)$的夹角，短轴与长轴垂直。如图5-17所示，所以当物体上只在一个方向上有较多圆或圆弧曲线时，画斜二轴测图比较简单。

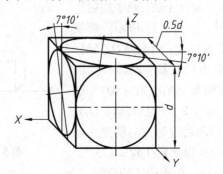

图5-17　平行于三个坐标面的圆的斜二轴测图

2．斜二轴测图画法举例

斜二轴测图的作图方法与正等轴测图的画法类似，都可采用坐标法、叠加法、切割法来完成。

例 5-6 根据图 5-18(a)圆台的视图，求作圆台的斜二轴测图。

分析：圆台的形状特点是在正平面方向上有较多的圆，故画成斜二轴测图较简单，其坐标原点选在圆台最后面的圆心处。

作图步骤：

(1) 建立轴测轴，沿点 O 向 OY 方向前移 $L/2$ 便找到圆台最前面圆的圆心 A，如图 5-18(b)所示。

(2) 画出圆台最前面圆及后面圆(从前往后画，可避免多余线)，其形状与主视图投影相同，如图 5-18(c)所示。

(3) 画出圆台内孔的圆的投影以及圆台的轮廓线(两圆的公切线)，如图 5-18(d)所示。

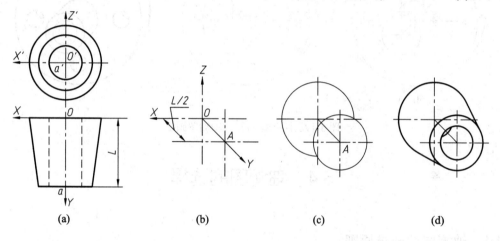

(a)　　　　　　　(b)　　　　　　　(c)　　　　　　　(d)

图 5-18　圆台斜二轴测图的画法

例 5-7 根据图 5-19(a)法兰盘的视图，求作其斜二轴测图。

分析：法兰盘的形状特点是在同一个方向的相互平行的几个面上有圆，所以画斜二轴测图比较简单。作图时选择各圆的平面平行于坐标面 XOZ，其坐标原点选在中间圆心处。

作图步骤：

(1) 建立轴测轴，沿点 O 向 OY 方向前移 15 便找到最前面圆的圆心，向后移 10 便找到法兰盘最后面圆的圆心，如图 5-19(b)所示。

(2) 画出 $\phi32$ 圆的轮廓线，遮挡住部分不画，从前往后画，可避免多余线，如图 5-19(c)所示。

(3) 画出 $\phi100$ 圆的可见轮廓线，如图 5-19(d)所示。

(4) 画出 $\phi20$ 和 $\phi14$ 的可见轮廓线，以及 $\phi32$ 两圆的公切线，如图 5-19(e)所示。

(5) 将可见轮廓线描粗，多余辅助线擦掉，完成法兰盘的斜二轴测图，如图 5-19(f)所示。

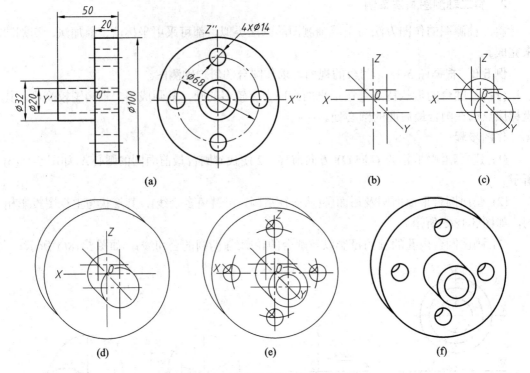

图 5-19　法兰盘的斜二轴测图画法

5.4　轴测图的选择

5.4.1　轴测图的选择原则

正等轴测图和斜二轴测图由于其参数轴间角和轴向伸缩系数不同，使得轴测图的立体感和作图难易程度不同。选择用哪种轴测图来表达机件时，应考虑同时满足两方面要求：立体感强且作图简便。

5.4.2　两种轴测图优缺点比较

正等轴测图的度量性好。轴间角均为 120°，三向坐标尺寸可直接从正投影图上量取。三向轴测坐标面上的椭圆画法一致，简化了作图，应用较广泛。

斜二轴测图最主要的优点是当零件在一个坐标面及其平行面上有较多的圆或圆弧，而在其他平面上图形较简单时，采用斜二轴测图较简单。

工程上机件的结构形状多种多样，要根据不同机件的形体特征合理选择轴测图的画法。对于像齿轮、阶梯轴、法兰盘、连杆等只在一个方向上有较多圆或圆弧的机件，用斜二轴测绘图比较容易；但是，如果某些机件在不同的投射方向上均有圆或圆弧时，由于正等轴测图在不同轴测坐标面上画椭圆的方法相同，则采用正等轴测图较方便。

表 5-1 介绍两种轴测图的优缺点。

表 5-1 两种轴测图优缺点比较

图例	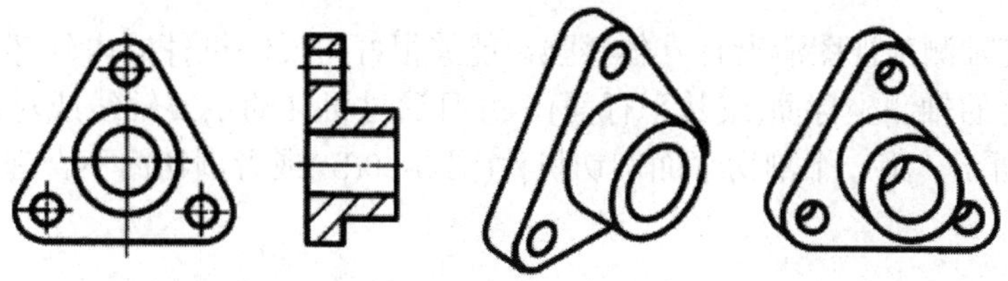
说明	正等测要画很多椭圆，而且后壁孔口在轴测图上无法表达清楚 斜二测不仅作图十分方便，而且富有立体感，特别是后壁的孔口在轴测图上能看到一部分圆弧，使表达更加完整和清晰
图例	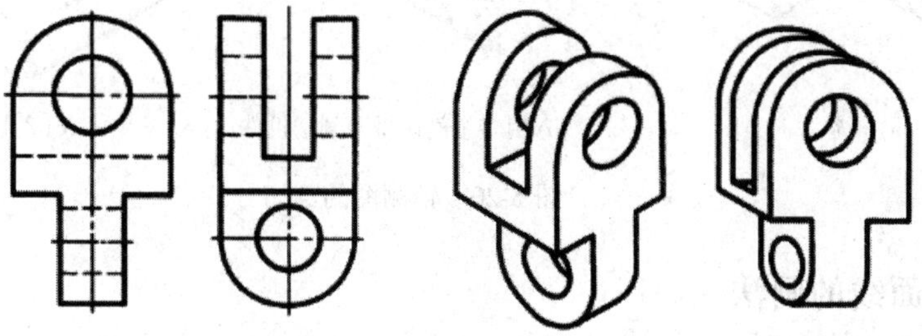
说明	正等测表达比较自然，并且正等测在不同坐标面上的椭圆画法相同，作图较简便 斜二测虽然立体感也比较强，但不平行于 *XOZ* 坐标面的椭圆作图比较复杂，而且后面一块板上的圆孔表达不清楚
图例	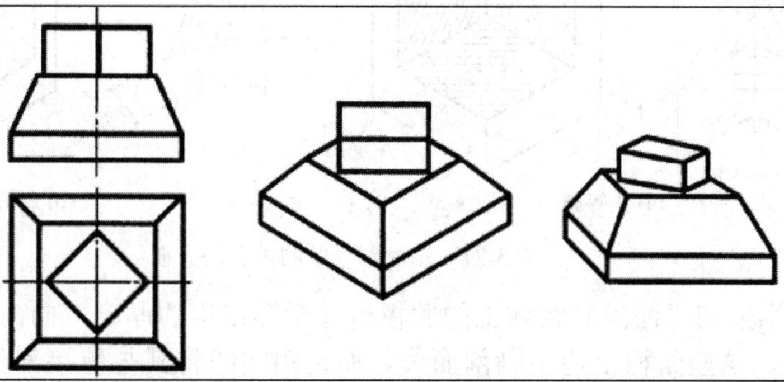
说明	显然，采用斜二测表达的立体效果好，若采用正等测图表达，上部四棱柱的两个棱面成了直线，底座前面由两棱线形成的折线也成了直线，立体感很差

5.5 轴测剖视图的画法

为了表达机件的内部结构，可假想在轴测图中用剖切平面切去机件的一部分，这种经剖切后的轴测图称为轴测剖视图。

5.5.1　轴测图的剖切方法

为了使轴测剖视图清晰且立体感强，能够很好得反映机件的内外部结构，一般采用两个相互垂直的轴测坐标面(或其平行面)，并且通过机件的主要轴线或对称平面来剖切，如图 5-20(a)所示。用一个剖切平面剖切机件(图 5-20(b))或者剖切面不合理(图 5-20(c))都是要避免的。

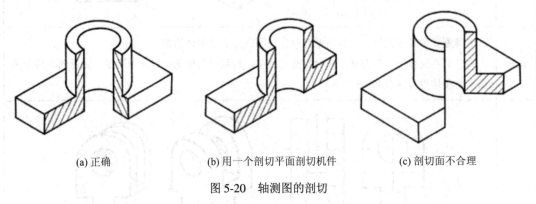

(a) 正确　　　　　　　　　(b) 用一个剖切平面剖切机件　　　　　　(c) 剖切面不合理

图 5-20　轴测图的剖切

5.5.2　剖面线的画法

在轴测剖视图中，用剖切平面剖切所得的断面上应画出剖面线。剖面线方向应按图 5-21画出，正等轴测图如图 5-21(a)所示，斜二轴测图如图 5-21(b)所示。

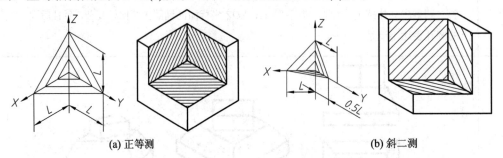

(a) 正等测　　　　　　　　　　　　　(b) 斜二测

图 5-21　轴测剖视图的剖面线方向

注意：当剖切平面沿着物体上的肋板或薄壁等结构的厚度方向，即沿着其纵向对称平面剖切时，这些结构上均不画剖面线，而用粗实线将其与邻接部分分开，如图 5-22所示。

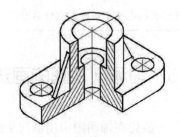

图 5-22　沿肋板纵向对称面剖切

5.5.3 轴测剖视图的画法

轴测剖视图一般有两种画法：

(1) 先把机件完整的轴测图画出，然后用剖切平面将其剖开，如图 5-23 所示。

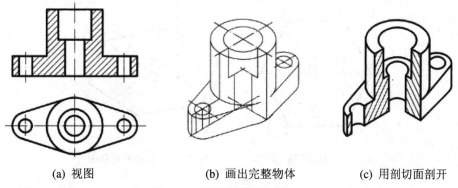

(a) 视图   (b) 画出完整物体   (c) 用剖切面剖开

图 5-23   轴测剖视图的画法(一)

(2) 先画出剖面的轴测投影，然后再画出剖面外部看得见的轮廓，这样可减少很多不必要的作图线，加快作图速度，如图 5-24 所示。

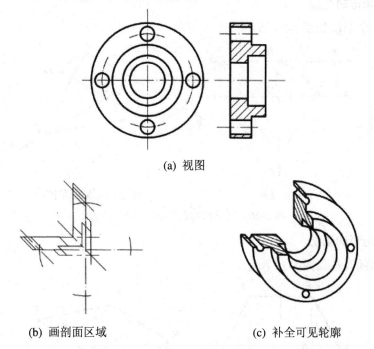

(a) 视图

(b) 画剖面区域   (c) 补全可见轮廓

图 5-24   轴测剖视图的画法(二)

5.6   轴测草图的画法

作为工程技术人员，常常需要正确且迅速的徒手绘制轴测草图，这有利于培养技术人员的空间想象能力和设计构思能力，因此绘制轴测草图是工程技术人员必须具备的一项技能。

5.6.1　常见轴测草图的画法

正等轴测图和斜二轴测图的轴测草图画法分别如图 5-25(a)、(b)所示。

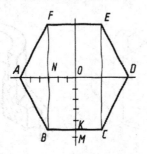

　　　(a) 正等轴测图轴测草图　　　　　(b) 斜二轴测图轴测草图

图 5-25　轴测草图的画法

5.6.2　平面图形的轴测草图画法

1．正三角形的画法

正三角形的画法如图 5-26 所示。

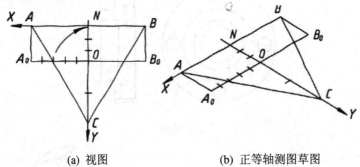

　　　　(a) 视图　　　　　　　　(b) 正等轴测图草图

图 5-26　正三角形正等轴测草图的画法

2．正六边形的画法

正六边形的画法如图 5-27 所示。

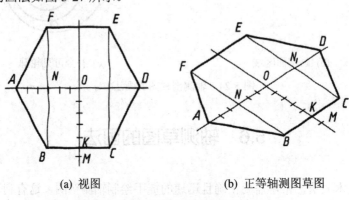

　　　　(a) 视图　　　　　　　　(b) 正等轴测图草图

图 5-27　正六边形正等轴测草图的画法

3．正八边形的画法

正八边形的画法如图 5-28 所示。

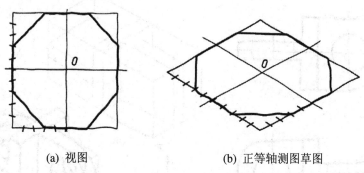

(a) 视图   (b) 正等轴测图草图

图 5-28　正八边形正等轴测草图的画法

4．正等测和斜二测椭圆的画法

正等测和斜二测椭圆的画法如图 5-29 所示。

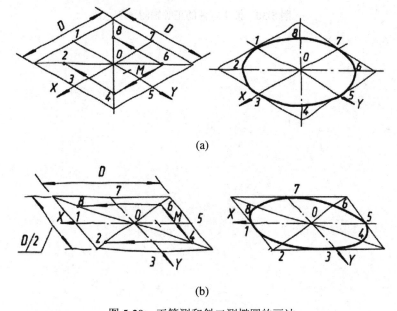

(a)

(b)

图 5-29　正等测和斜二测椭圆的画法

5.6.3　轴测草图画法举例

徒手画机件的轴测草图时，除了要掌握轴测图的作图规则外，还要注意各部分的比例关系要协调，否则画出的图形会失真。

例 5-8　画出如图 5-30(a)所示接头零件的正等轴测草图。

分析：该组合体由左、中、右三块板组成，目测三块板大小差不多相同，在左、右两块板上又各自挖切了一个圆柱孔。作图时可先用叠加法逐一画出各块板的轴测图，再用切割法作出两圆柱孔的轴测图。

作图步骤：

(1) 画出左、中、右三块板的正等轴测图，如图 5-30(b)所示。

(2) 画出左、右两块板上圆柱孔的正等轴测图，如图 5-30(c)所示。

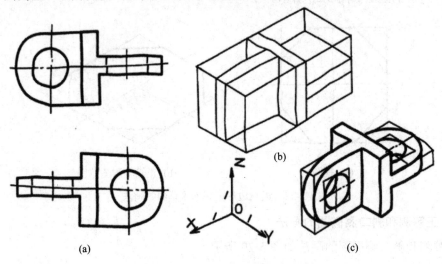

(a)   (b)   (c)

图 5-30　接头零件的正等轴测草图

第 6 章 组 合 体

由两个或两个以上的基本体组成的形体称为组合体。实际生产设计的零部件多是由组合体设计而来，组合体的看图、画图以及尺寸标注是学习掌握好零件图的重要基础。

6.1 组合体的构成

6.1.1 组合形式及形体分析法

任何复杂的物体都可以看成是由若干个基本几何体组合而成。这些基本体可以是完整的，也可以是经过钻孔、切槽等加工后的组合体。这种假想把复杂的组合体分解成若干个基本形体，分析它们的形状、组合形式、相对位置和表面连接关系，使复杂问题简单化的思维方法称为形体分析法，它是组合体的画图、尺寸标注和看图的基本方法。如图 6-1 所示，普通螺丝钉是由六棱柱和圆柱以及圆台组成。

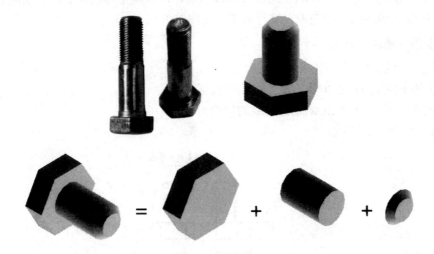

图 6-1　螺钉的形体分析

1．叠加法

叠加是将各基本体以平面接触相互堆积、叠加后形成的组合形体，如图 6-1 所示。

2．切割法

切割是在基本体上进行切块、挖槽、钻孔等切割后形成的组合体，如图 6-2 所示。

图 6-2　切割法形体分析

3. 综合法

组合体经常是叠加和切割两种形式的综合，如图 6-3 所示。

图 6-3　综合法形体分析

6.1.2　线面分析法

线面分析法是根据面、线的空间性质和投影规律，分析形体的表面或表面间的交线与视图中的线框或图线的对应关系，进行画图、看图的方法。

1. 视图中图线的含义

如图 6-4 所示，各图线代表不同的含义：

(1) 具有积聚性的表面(平面或回转面)的投影。

(2) 两个邻接表面(表面或曲面)交线的投影。

(3) 曲面回转线的投影。

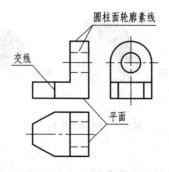

图 6-4　图线含义

2. 视图中的线框的含义

(1) 形体表面(平面或曲面)的投影(封闭线框)；

(2) 孔洞的投影(封闭线框);

(3) 相切表面的投影(表示为封闭线框或含有不封闭线框)。

线框投影示例:

(1) 视图中一个封闭线框一般情况下表示一个面的投影,线框套线框,通常是两个面凹凸不平或者是具有打通的孔,如图 6-5 所示。

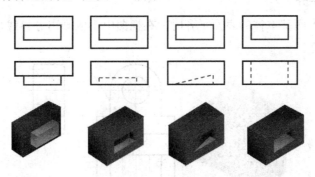

图 6-5　线框相套位置关系示例

(2) 线框相邻,表示平面相互高低不平或者是平面相交,如图 6-6 所示。

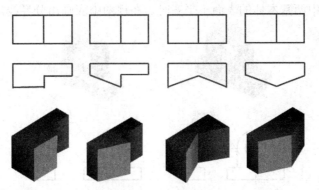

图 6-6　线框相邻位置关系示例

(3) 根据图中虚实线型判断各个部分位置关系,如图 6-7 所示。

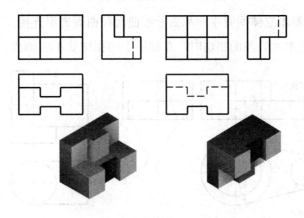

图 6-7　图线虚实位置关系示例

6.1.3　组合体的表面连接关系

组合体表面连接关系有共面、相交和相切三种形式。弄清组合体表面连接关系，对画图和看图都很重要。

1. 形体表面平齐

(1) 当组合体中两基本体的表面平齐时，在视图中不应画出分界线，如图6-8所示。

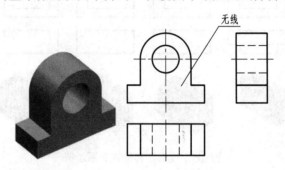

图 6-8　表面共面处无分界线

(2) 当组合体中两基本体的表面不平齐时，在视图中应画出分界线，如图6-9所示。

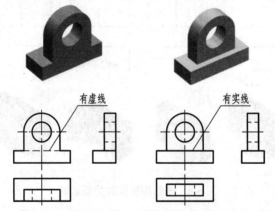

图 6-9　表面共面处有分界线

2. 相切——两基本立体间有平面和曲面或曲面和曲面光滑连接

当组合体中两基本体的表面相切时，在视图中的相切处不应画线，如图6-10所示。

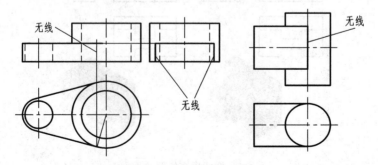

图 6-10　表面相切处无线

3．相交——两基本立体间有截交和相贯

当组合体中两基本体的表面相交时，在视图中的相交处应画出交线，如图 6-11 所示。

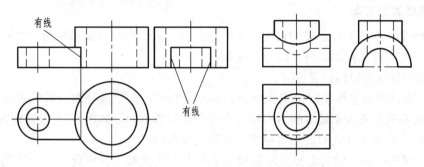

图 6-11 表面相交处有交线

6.2 画组合体三视图

画组合体三视图时，应当根据组合体的不同形成方式采用不同的方法。一般而言，以叠加堆积为主形成的组合体，应采用形体分析的方法绘制；以切割为主形成的组合体，应根据其切割过程来绘制。

6.2.1 叠加式组合体三视图的画法

1．形体分析

画视图之前，应对组合体进行形体分析，了解该组合体是由哪些基本体组成，它们的相对位置、组合形式及表面间的连接关系如何。

下面以图 6-12 所示轴承座为例介绍：

(1) 形体分析。轴承座是由底板、支撑板、肋板、圆筒、凸台组成。

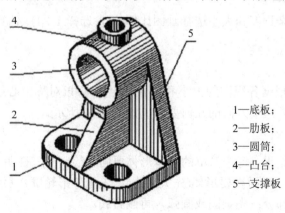

1—底板；
2—肋板；
3—圆筒；
4—凸台；
5—支撑板

图 6-12 轴承座

(2) 连接关系。底板后表面与支撑板后表面共面，与支撑板的前表面相交。左右两侧

面同时相交。支撑板两侧面与圆筒相切，前表面与圆筒相交。肋板与支撑板叠加，与圆筒相交。凸台与圆筒相交。

2．选择表达方案

主视图是三视图中最重要的视图，主视图选择是否恰当，直接影响组合体视图的表达是否清晰。在选择主视图时应考虑如下原则：

(1) 组合体应按自然位置放置。

(2) 主视图应较多地反映出组合体的结构形状特征，即把反映组合体的各基本几何体和它们之间相对位置关系最多的方向作为主视图的投影方向。如图 6-13 中选择 *B*、*D* 方向能较多反映出各基本体之间的相对位置以及形状特征。

(3) 主视图投影方向的选择应尽量减少主视图产生虚线，即在选择组合体的安放位置和投射方向时，要同时考虑使各视图中不可见的部分最少。如图 6-13 中选择 *B* 方向作为轴承座主视图的投影方向。

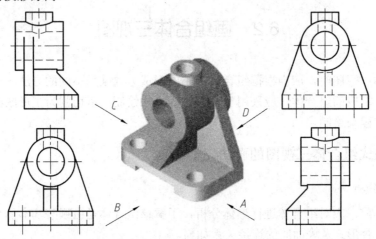

图 6-13　轴承座主视图投影方向的选择

3．确定比例，选择图幅

根据组合体的复杂程度和大小选择画图比例(尽量选择 1∶1)，估算三视图所占面积后，选用标准图纸的图幅。

4．布置图面

固定好图纸后，根据各视图的大小和位置画出基准线(对称中心线、轴线等)。基准线是确定视图长、宽、高三个方向的几何要素，如图 6-14 所示。

5．画底稿

根据形体分析的结果，每个简单的基本形体要同时绘制其三视图。如图 6-14 所示，绘制时应先画主要形体，后画次要形体(先大后小)；先画外形轮廓，后画内部细节；先画可见部分，后画不可见部分；先画圆或圆弧，再画直线。

6．检查并描深

重点检查各个基本形体之间表面连接情况，是否有共面、相交、相切等位置关系。确认无误后，描深完成，如图 6-14(f)所示。

画图步骤：如图 6-14 所示。

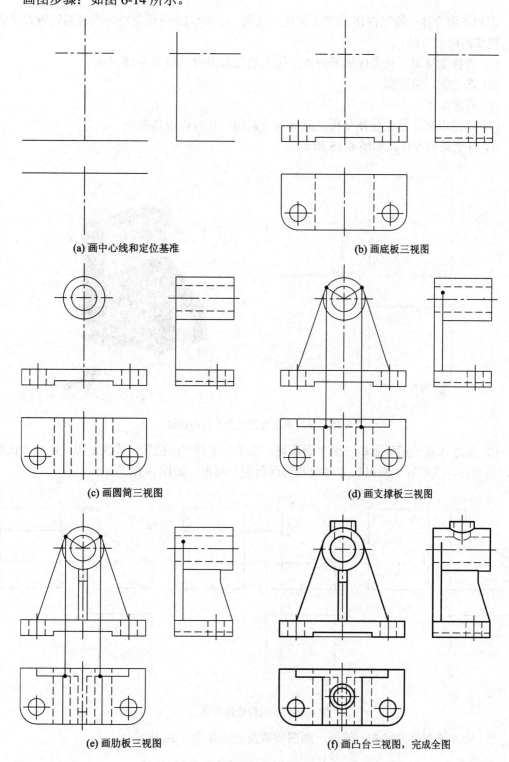

(a) 画中心线和定位基准　　　　　　　　(b) 画底板三视图

(c) 画圆筒三视图　　　　　　　　　　(d) 画支撑板三视图

(e) 画肋板三视图　　　　　　　　　　(f) 画凸台三视图，完成全图

图 6-14　轴承座三视图的画图步骤

6.2.2　切割式组合体三视图的画法

切割式组合体一般以挖切顺序绘制其三视图。以图 6-15 中导向块为例说明切割式组合体三视图的绘制方法。

(1) 选择主视图。首先选择导向块主视图的投影方向，如图 6-15 所示。

(2) 选比例，定图幅。

(3) 布置画图。

(4) 画图步骤：首先形体分析，此导向块是由一长方体切割而成。

① 首先画长方体，如图 6-15 所示。

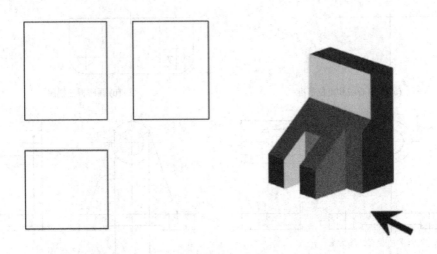

图 6-15　导向块主视图投影方向和步骤一

② 长方体被一正垂面和一侧平面所切。首先确定两平面位置。其次按照三视图"长对正，高平齐，宽相等"画出长方体被两平面所切三视图，如图 6-16 所示。

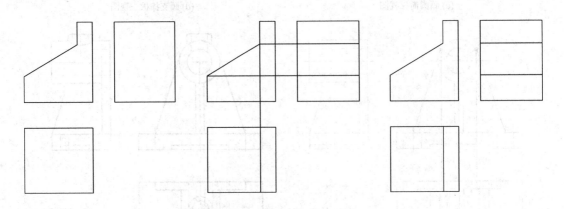

图 6-16　导向块绘图步骤二

③ 长方体左前方切去一部分，画图步骤及方法如图 6-17 所示。

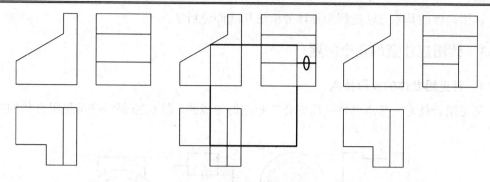

图 6-17 导向块绘图步骤三

④ 长方体左侧中间切去一方形槽，画图步骤及方法如图 6-18 所示。

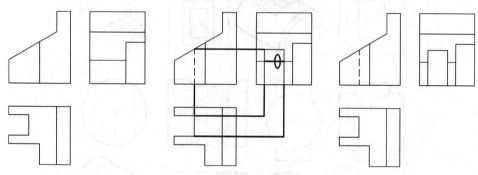

图 6-18 导向块绘图步骤四

⑤ 检查并描深。

检查时我们可用投影性质，如图 6-19 所示，可用类似性检查绘图是否正确。检查无误后描深粗实线，完成全图。

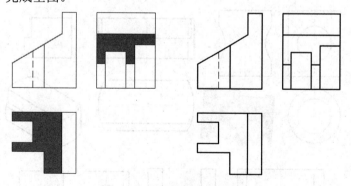

图 6-19 导向块的检查描深

6.3 读组合体三视图

读图是画图的逆过程。画图是利用正投影法将三维组合体用几个二维视图表示，读图则是根据已有的二维视图，想象出组合体的空间形状。

读组合体的基本方法是利用形体分析法和线面分析法。

6.3.1　读图应注意的几个问题

1. 常见组合体的投影特点

常见组合体是由基本形体的简单叠加和挖切形成的。图 6-20 是一些常见组合体的视图投影。

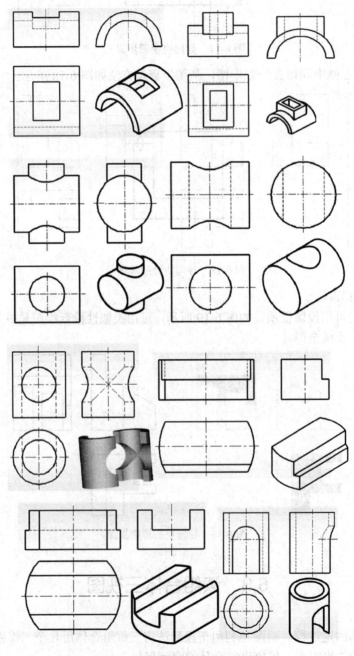

图 6-20　常见组合体的投影特点

2. 读全部视图，综合分析

一个视图不足以反映形体的空间形状，必须将全部视图联系起来分析，才能正确地构思其形状，如图 6-21 所示。

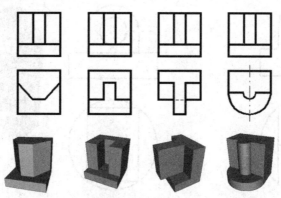

图 6-21 一个视图不足以反映形体特征

有时各形体的主视图和俯视图均相同，但与侧视图联系起来看，形体特征各不相同，如图 6-22 所示。

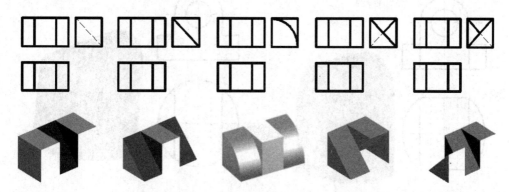

图 6-22 两个视图不足以反映形体特征

3. 善于构思形体特征

看图的过程是把想象中的组合体与给定视图反复对照、不断修正。例如图 6-23 所示，在想象同时具有三个视图的一组合体时，图(a)和图(b)想象是一圆柱，图(c)想象是一圆锥，组合体应想象是一截切后的圆柱，根据给的视图的差异来修正想象中的形体。

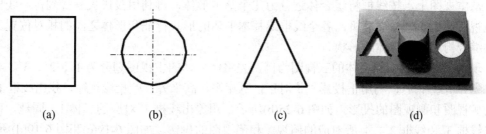

(a)   (b)   (c)   (d)

图 6-23 反复修正，想象出正确形状

如图 6-24(a)所示，在想象两视图表示的组合体形状时，可先根据主视图、俯视图想象出图 6-24(b)和(c)所示形体，不断修正想象，得到与给定视图投影完全符合的形体，如图 6-24(d)所示。

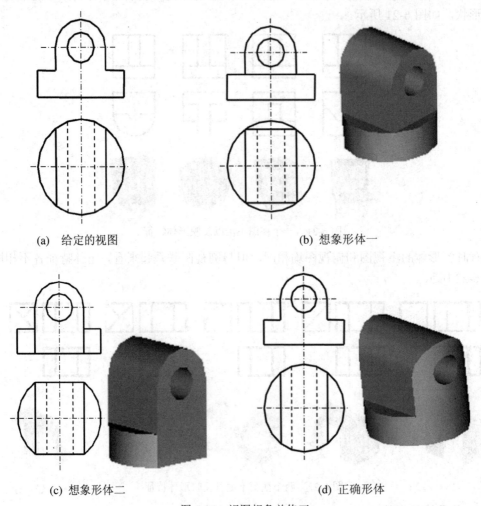

(a)　给定的视图　　　　　　　　　　　　(b)　想象形体一

(c)　想象形体二　　　　　　　　　　　　(d)　正确形体

图 6-24　视图想象并修正

6.3.2　读组合体三视图的基本方法

1．形体分析法

从主视图上，按线框将组合体划分为几个基本形体，再利用投影关系找到每一线框在其他视图的投影，从而分析出各个线框或基本形体的形状特征和形体之间的相对位置。最后再综合构思出组合体的形状。

现以图 6-25(a)中组合体的三视图为例，先将组合体的主视图划分为 1′、2′、3′、4′线框。先分析线框 1′，利用正投影"长对正，宽相等，高平齐"的投影规律，找出线框 1′对应的俯视图和侧视图的投影，如图 6-25(b)所示，想象出线框 1′对应的形体 1。同理，可分析出线框 3′和线框 2′、4′所对应的俯视图和侧视图的投影，如图 6-19(c)和图 6-19(d)所示，想象出形体 3 和形体 2、4。

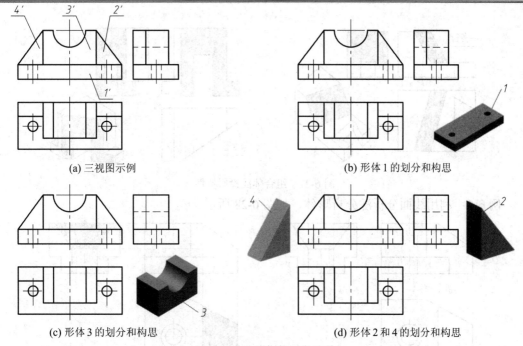

(a) 三视图示例   (b) 形体 1 的划分和构思

(c) 形体 3 的划分和构思   (d) 形体 2 和 4 的划分和构思

图 6-25 分线框构思各形体

最后，综合构思出形体，如图 6-26 所示。

图 6-26 综合构思的形体

2．线面分析法

线面分析法是在形体分析法的基础上，运用线、面投影特性(类似性、积聚性、实形性)来分析形体表面的投影，从而构思出组合体形状的一种方法。

如图 6-27 所示，分析组合体上投影面垂直面或者一般位置平面的投影特性，要注意投影的类似性。

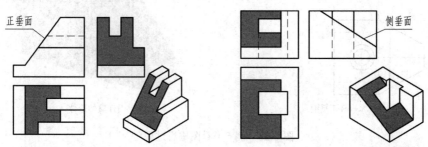

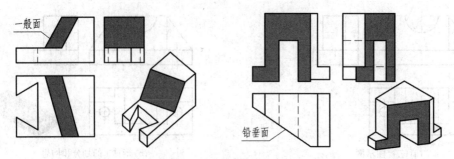

图 6-27　组合体面投影特性

例 6-1　利用线面分析法分析形体，如图 6-28 所示。

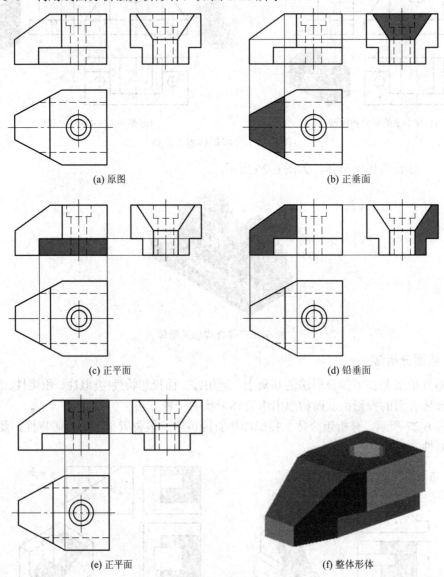

(a) 原图

(b) 正垂面

(c) 正平面

(d) 铅垂面

(e) 正平面

(f) 整体形体

图 6-28　例 6-1 看图构思过程

例6-2 已知主、俯视图，补画三视图中漏的线，如图6-29所示。

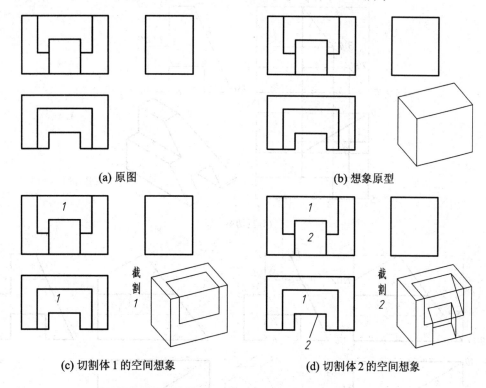

(a) 原图   (b) 想象原型

(c) 切割体1的空间想象   (d) 切割体2的空间想象

图6-29 例6-2构思求解过程

例6-3 根据主视图和侧视图，画出俯视图，如图6-30所示。

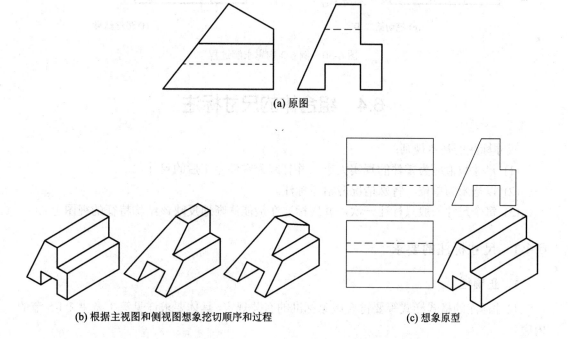

(a) 原图

(b) 根据主视图和侧视图想象挖切顺序和过程   (c) 想象原型

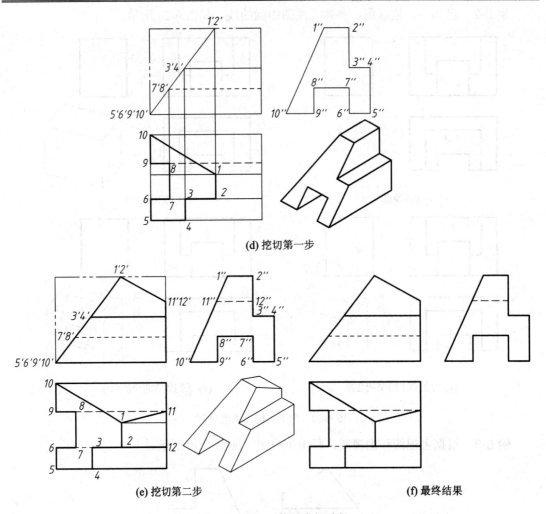

(d) 挖切第一步

(e) 挖切第二步　　　　　　　　　　　　　　　(f) 最终结果

图 6-30　例 6-3 构思求解过程

6.4　组合体的尺寸标注

尺寸标注的基本规则：

(1) 尺寸数值应为零件的真实大小，并且应为零件完工后的尺寸。

(2) 以毫米为单位，特殊情况应给予标注。

(3) 每个尺寸一般只标注一次，并应标注在最能清晰地反映该结构特征的视图上。

6.4.1　尺寸标注的要求

1. 正确性

尺寸标注的格式样式等要符合国家标准的有关规定。具体要求详见第 1 章中 1.1.5 节的内容。

2. 完整性

组合体各部分形状大小及相对位置的尺寸标注完全，不遗漏，不重复。形状大小的尺寸称为定形尺寸。各部分相对位置的尺寸称为定位尺寸。在标注组合体尺寸时不仅要注意定形尺寸和定位尺寸的完整性，同时也要注意组合体的总体尺寸的完整性。

1) 定形尺寸

确定各基本体或者组合体中各组成形体的形状和大小的尺寸称为定形尺寸。

2) 常见基本体的尺寸标注

图 6-31 所示为常见基本体的尺寸标注。

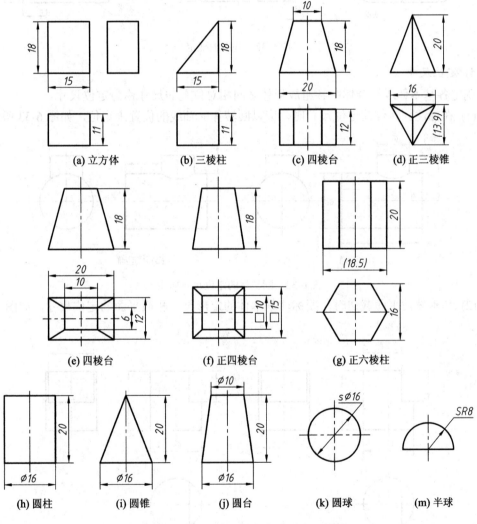

图 6-31 常见基本形体的定形尺寸及数量

3) 尺寸基准

(1) 标注尺寸的起始位置(点、直线、平面等)称为尺寸基准，简称基准。

(2) 通常以物体的对称面(线)、轴线、底面、端面作为基准。

(3) 基准分为主要基准和辅助基准。零件有长、宽、高三个方向的尺寸，每个方向至

少要有一个主要基准，如图 6-32 所示。辅助基准根据需要选用，主要基准和辅助基准之间
应有尺寸联系。

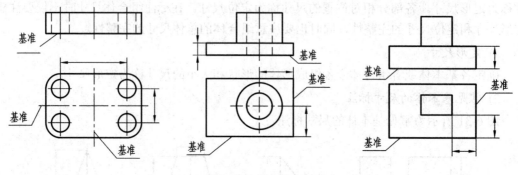

图 6-32　基准的确定

4) 定位尺寸

确定各基本体或组合体中各组成形体之间相对位置的尺寸称为定位尺寸。

(1) 在标注回转体的定位尺寸时，应以回转体的轴线的位置来定位，如图 6-33 所示。

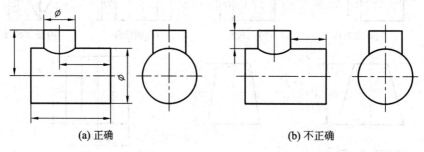

(a) 正确　　　　　　　　　　　　　　(b) 不正确

图 6-33　回转体的定位尺寸标注

(2) 基本体被平面截切时，要标注基本体的定形尺寸和截平面的定位尺寸，如图 6-34
所示。

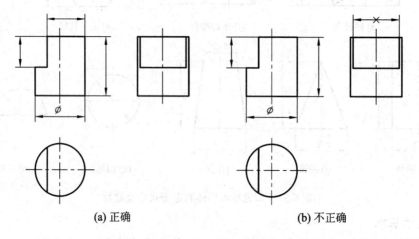

(a) 正确　　　　　　　　　　　　　　(b) 不正确

图 6-34　截切体的尺寸标注

(3) 常见底板的尺寸标注如图 6-35 所示。

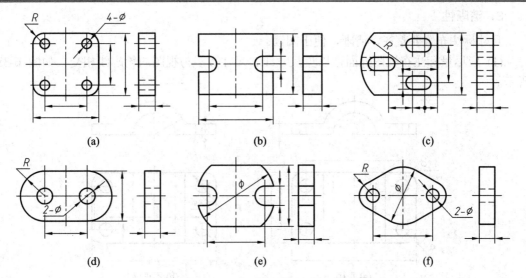

(a)　　　　　　　　　　　(b)　　　　　　　　　　　(c)

(d)　　　　　　　　　　　(e)　　　　　　　　　　　(f)

图 6-35　常见底板的尺寸标注

5) 总体尺寸

基本体或组合体在长、宽、高三个方向上的最大尺寸称为总体尺寸。总体尺寸、定位尺寸、定形尺寸可能重合，这时需作调整，以免出现多余尺寸或封闭尺寸链，如图 6-36 所示。

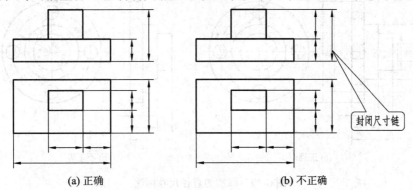

(a) 正确　　　　　　　　　　　　　　(b) 不正确

图 6-36　总体尺寸的调整

当组合体的某一方向具有回转结构时，由于注出了定形、定位尺寸，该方向的总体尺寸不再注出，如图 6-37 所示。

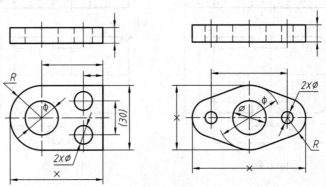

图 6-37　回转体总体尺寸的标注

3. 清晰性

尺寸标注布置要整齐、清晰，便于阅读。

(1) 应尽量标注在视图外面，以免尺寸线、尺寸数字与视图的轮廓线相交，如图 6-38 所示。

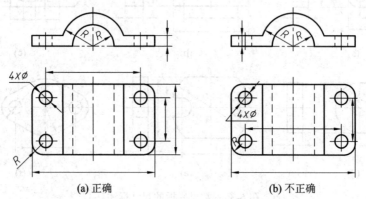

(a) 正确　　　　　　　　　　　(b) 不正确

图 6-38　避免尺寸线、尺寸数字与轮廓线相交

(2) 同心圆柱的直径尺寸，最好注在非圆的视图上，如图 6-39 所示。

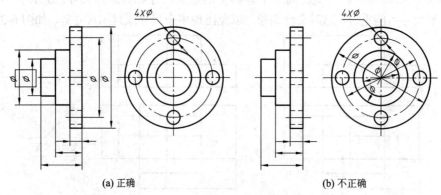

(a) 正确　　　　　　　　　　　(b) 不正确

图 6-39　圆柱的直径尺寸标注

(3) 相互平行的尺寸，应按大小顺序排列，小尺寸在内，大尺寸在外，如图 6-40 所示。

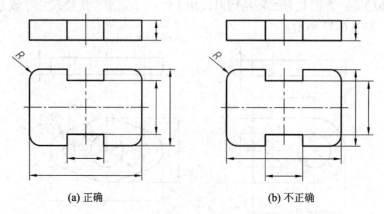

(a) 正确　　　　　　　　　　　(b) 不正确

图 6-40　平行尺寸的标注

(4) 如图 6-41 所示，R 值应标在反映圆弧的视图上，ϕ 值可以标在反映圆的视图上，也可标在非圆视图上。为了使尺寸清楚，一般标在非圆的视图上。

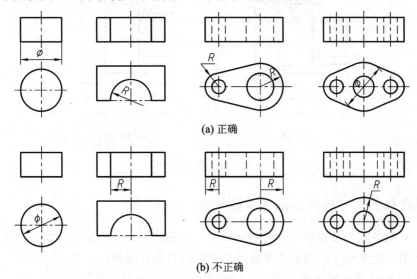

图 6-41　圆弧 R 的标注

(5) 有关联的尺寸应尽量集中标注，如图 6-42 所示。

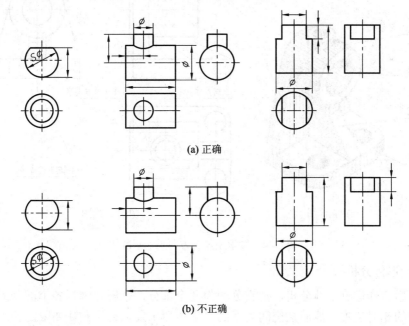

图 6-42　关联尺寸集中标注

(6) 交线上不标注尺寸。

由于两个形体的定形尺寸和定位尺寸已经完全确定了交线的形状，其形状是自然形成的结果，因此就不应再另行标注尺寸，如图 6-42 所示。

(7) 内形尺寸与外形尺寸最好分别注在视图的两侧。如图 6-43 所示。

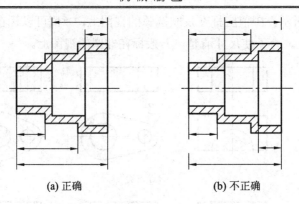

(a) 正确　　　　　　　　　　　(b) 不正确

图 6-43　尺寸线位置举例

6.4.2　组合体的尺寸标注方法和步骤

标注尺寸时，首先要对组合体进行形体分析，选定三个方向的尺寸基准，逐个标注出各形体的定形、定位尺寸，然后调整总体尺寸，最终进行检查。

下面以图 6-44 所示轴承座为例，具体说明标注组合体尺寸的步骤。

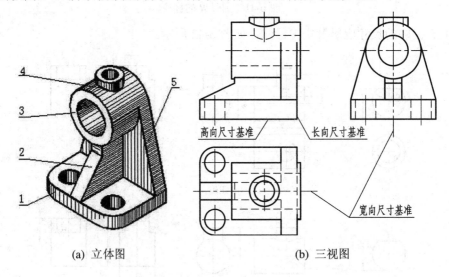

(a) 立体图　　　　　　　　　　　(b) 三视图

图 6-44　轴承座及三方向尺寸基准

1．进行形体分析

首先对组合体进行形体分析，把它分解为几个部分，了解和掌握各个部分的空间形状和彼此之间的相对位置，然后从空间角度的"立体"出发，初步判断要限定各形体的大小及位置需要几个定形尺寸和几个定位尺寸。

轴承座可以分解为五个部分：1—底板；2—肋板；3—套筒；4—凸台；5—支撑板。

2．选择尺寸基准

物体长、宽、高三个方向的主要基准，常常选择对称面、底面、端面和轴线作为基准。在该三视图中，三个方向的基准选择如图 6-44(b)所示。

3．标注各形体的尺寸

(1) 底板尺寸标注如图 6-45 所示。

(2) 套筒及凸台尺寸标注如图 6-46 所示。

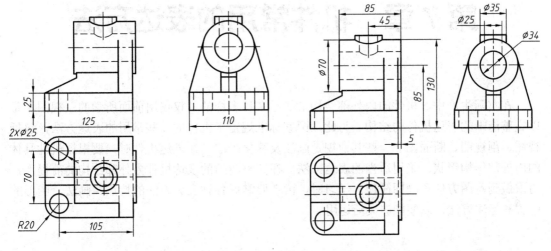

图 6-45　底板尺寸　　　　　　　　　　　　　　图 6-46　套筒及凸台尺寸

(3) 肋板和支撑板尺寸标注如图 6-47 所示。

4．总体尺寸及调整

标注总体尺寸时，注意调整，避免出现封闭尺寸链，如图 6-48 所示。

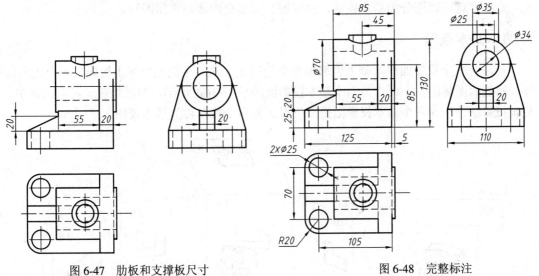

图 6-47　肋板和支撑板尺寸　　　　　　　　　　图 6-48　完整标注

第7章　机件常用的表达方法

在实际生产中，机件的内外部结构形状是多种多样的，仅仅用前面所学的三视图不足以完整清晰的表达机件的结构。为此，国家标准规定了机件的一些常用的表达方法，包括视图、剖视图、断面图和一些其他规定画法及简化画法。在表达机件时，要根据机件具体的内外部结构形状，采用适当的表达方法，在完整清晰的表达机件内外部结构的前提下，力求做到看图方便和画图简便。学习时，读者要掌握各种表达方法的特点、画法，图形的配置和标注方法，以便能够灵活运用。

7.1　视　　图

用正投影法将机件向投影面投射所得的图形称为视图。视图主要用于表达机件的外部结构形状，一般只画出机件的可见轮廓，必要时才用虚线画出其不可见轮廓线，初学者对此一定要注意。视图分为基本视图、向视图、局部视图和斜视图四种。

7.1.1　基本视图

在原有三个投影面的基础上再增加三个投影面，这六个面在空间上构成了一个正六面体。用正六面体的六个面作为六个基本投影面(如图 7-1(a)所示)，将机件置于正六面体中，按正投影法分别向六个基本投影面投影所得到的六个视图称为基本视图。

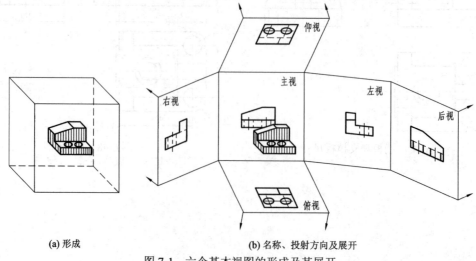

(a) 形成　　　　　　　　　　　　(b) 名称、投射方向及展开

图 7-1　六个基本视图的形成及其展开

六个基本视图的名称和投射方向规定如下：如图 7-1(b)所示，

主视图：从前往后投射；后视图：从后往前投射；

俯视图：从上往下投射；仰视图：从下往上投射；

左视图：从左往右投射；右视图：从右往左投射。

六个基本视图的展开方法是：保持正立投影面不动，其余各投影面按图 7-1(b)中箭头方向旋转，使之与正立投影面共面。展开后六个基本视图的配置关系和视图名称如图 7-2 所示。

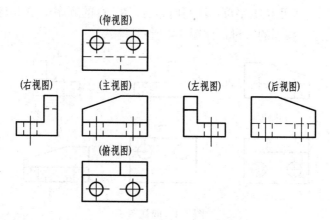

图 7-2　六个基本视图的配置

六个基本视图之间，仍保持着与三视图相同的投影规律："长对正、高平齐、宽相等"。即：主、俯、仰、后视图：长对正；主、左、右、后视图：高平齐；俯、仰、左、右视图：宽相等，如图 7-3 所示。

六个基本视图的方位关系：除后视图外，各视图靠近主视图的内侧是机件的后面，而远离主视图的外侧是机件的前面，如图 7-3 所示。

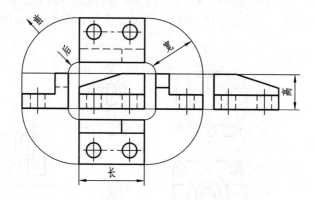

图 7-3　六个基本视图的投影规律及方位关系

注意：

(1) 实际绘图时，并不是每个机件都要画出六个基本视图，而应根据机件外形的复杂程度，选用必要的基本视图。

(2) 基本视图在同一张图纸内按这种规定位置配置时，不标注视图的名称。但如果未按规定位置放置，就变为向视图，必须进行标注。

7.1.2　向视图

　　向视图是未按规定位置配置的基本视图。有时候由于图纸幅面和合理布局等原因，某个基本视图未按规定的位置放置，而是自由配置，这个视图就称为向视图，如图 7-4 中向视图 A、向视图 B、向视图 C。

　　此时，为了便于看图，向视图必须按规定方法进行标注：在向视图的上方标注出视图的名称"X"（"X"为大写拉丁字母，注写时按 A、B、C 的顺序)，在相应视图的附近用箭头指明投射方向，注上相同的字母，如图 7-4 所示。

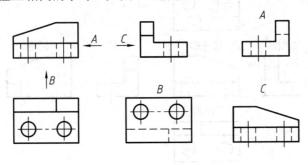

图 7-4　向视图

7.1.3　局部视图

　　将机件上的某一部分向基本投影面投射所得到的视图，称为局部视图。当采用一定数量的基本视图后，该机件仍有部分结构形状未表达清楚，但是又没有必要再画出其他完整的基本视图时，可单独将这一部分向基本投影面投射。如图 7-5(a)所示机件，在画出主、俯两个基本视图后，仍有两侧的凸台形状和左下角的肋板厚度没有表达清楚，而又没有必要再画出完整的左视图和右视图，因此仅仅需要画出表达该部位的局部视图 A 和局部视图 B，如图 7-5(b)所示。

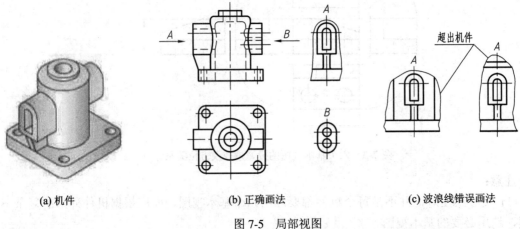

(a) 机件　　　　　　　　　(b) 正确画法　　　　　　　　　(c) 波浪线错误画法

图 7-5　局部视图

　　局部视图的画法：图中局部视图 A 的断裂边界用波浪线画出(也可用双折线)，来表示机件需要表达部分和不需要表达部分的分界线。局部视图 *B* 由于需要表达的部分结构完整，外轮廓是封闭图形，因此波浪线可以省略不画。但应该注意：

(1) 波浪线不应与轮廓线重合或在轮廓线延长线上；

(2) 波浪线不应超出断裂机件的轮廓线，不可画在机件的中空处，如图 7-5(c)所示。

局部视图的配置和标注：局部视图的配置常见的有两种方式：

(1) 按基本视图的位置配置、中间又没有其他图形隔开时，可省略标注，如图 7-5(b)中局部视图 *A*，此时标注可以省略；

(2) 按向视图的配置位置配置时，图形应加以标注，标注方法与向视图的标注相同，如图 7-5(b)中的局部视图 *B*。

绘制对称机件时，为了节省时间和图纸幅面，可将机件画出 1/2 或 1/4，其断裂边界为细点画线，并在细点画线的两端画出对称符号(两条与断裂边界垂直的平行细实线)，如图 7-6 所示。

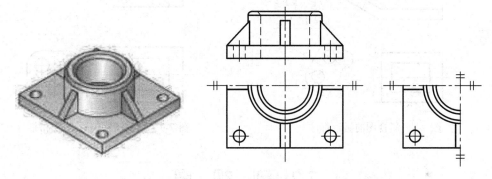

图 7-6　对称机件画成一半或四分之一的局部视图

7.1.4　斜视图

将机件向不平行于任何基本投影面的平面投射所得到的视图，称为斜视图。如图 7-7 所示，机件右上方有倾斜的结构，在基本视图中不能够反映该部分的实形，这给画图和读图带来困难，又不便于标注尺寸，此时可选用一个平行于倾斜部分的投影面，将倾斜部分向该平面投射，得到反映倾斜部分实形的图形，即为斜视图。

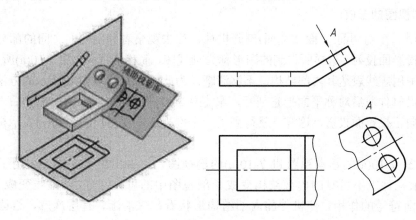

图 7-7　斜视图

　　斜视图的画法：斜视图一般只需表达机件的倾斜部分，常画成局部的斜视图，其断裂边界用波浪线表示，如图 7-7 所示。但当所标的倾斜结构是完整的，且外轮廓线封闭时，波浪线可省略。

　　斜视图的配置和标注：斜视图一般按照向视图的配置形式配置并标注，如图 7-7 所示。需要注意：表示投射方向的箭头一定垂直于被表达的倾斜部分，字母按水平位置书写，如图 7-8 所示。有时为了使画图方便，允许将图形旋转一定的角度画出，但必须加旋转符号。需要注意：旋转符号箭头的指向与图样的旋转方向一致，用半径等于字高的半圆弧绘制，表示该视图名称的大写字母靠近箭头端，如图 7-9 所示，也允许将旋转角度大小(小于 90°)注写在字母后面。

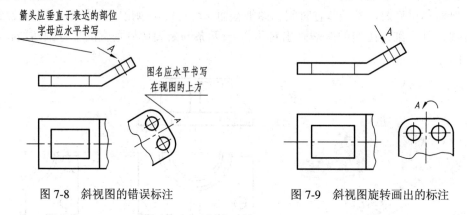

图 7-8　斜视图的错误标注　　　　　　　图 7-9　斜视图旋转画出的标注

7.2　剖　视　图

　　用视图表达机件时，其不可见部分用细虚线来表示。当机件上内部结构较复杂时，会出现较多虚线，且交叉重叠，这样既影响读图，又不利于画图和尺寸标注。为此，在机械制图中常采用剖视图来表达内部结构。

7.2.1　剖视图的基本概念

1. 剖视图的形成

　　假想用一个剖切面(平面或曲面)剖开机件，移去观察者和剖切面之间的部分，而将剩余部分向投影面投射，这样所得到的图形称为剖视图，简称剖视。如图 7-10(a)所示的机件，其主视图中用虚线表达其内部结构，不够清晰。为此，按照图 7-10(b)所示的方法，假想用一个平面沿机件前后对称平面把它剖开，拿走观察者和剖切平面中间的部分后，将剩余后面部分再向正投影面投影，这样，就得到了一个剖视的主视图，图 7-10(c)表示机件剖视图的画法。

　　比较图 7-10(a)的基本视图和 7-10(c)的剖视图，可看出由于主视图采用了剖视的画法，使原来机件上不可见的内部结构变成了剖视图中的可见部分，细虚线变成了粗实线，再加上剖面符号的作用，使机件的内部结构形状看起来清晰，有层次感，给读图带来了方便。

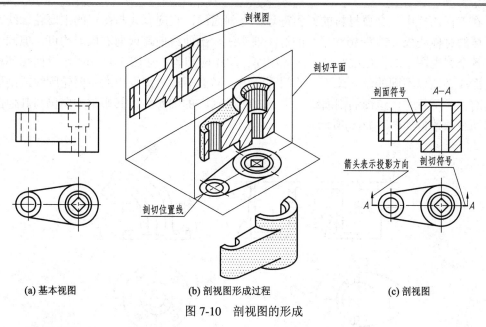

| (a) 基本视图 | (b) 剖视图形成过程 | (c) 剖视图 |

图 7-10　剖视图的形成

2．相关术语

(1) 剖切面：假想的剖开被表达机件的平面或曲面。

(2) 剖面区域：在剖视图中，剖切面与机件的接触的部分称为剖面区域。

(3) 剖面符号：为了区分机件的实体和空心部分，国家标准规定，剖面区域内要画上剖面符号。不同的材料采用不同的剖面符号，各种材料的剖面符号如表 7-1 所示。

表 7-1　各种材料的剖面符号

材料名称		剖面符号	材料名称	剖面符号
金属材料 (已有规定剖面符号者除外)			木质胶合板 (不分层数)	
线圈绕组元件			基础周围的泥土	
转子、电枢、变压器和 电抗器等的迭钢片			混凝土	
非金属材料 (已有规定剖面符号者除外)			钢筋混凝土	
型砂、填砂、粉末冶金、砂轮、 陶瓷刀片、硬质合金刀片等			砖	
玻璃及供观察用的 其他透明材料			格网(筛网、过滤网等)	
木材	纵剖面		液体	
	横剖面			

在工程图样中，金属材料的剖面符号称为剖面线，它应画成与图形的主要轮廓线或剖面区域的对称线成 45°的相互平行的等距细实线，剖面线向左或向右倾斜均可，但同一机件在各个剖视图中的剖面线倾斜方向应相同，间距应相等，如图 7-11(a)所示。而相邻机件的剖面线必须以不同的斜向或不同的间隔画出。当剖面线与图形中的主要轮廓线或剖面区域的对称线平行时，该图的剖面线应画成 30°或 60°的细实线，其倾斜方向仍与其他图形的剖面线一致，如图 7-11(b)所示。

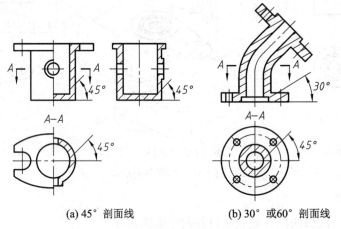

(a) 45°剖面线　　　　　　　　　(b) 30°或60°剖面线

图 7-11　剖面线的画法

(4) 剖切符号：指示剖切面起、迄、转折位置(用粗短划表示，长约 5～7 mm，与轮廓线有间隙)及投影方向(用箭头表示)的符号。

7.2.2　剖视图的画法

以图 7-12(a)所示机件为例，说明画剖视图的方法和步骤。

1) 画出机件的视图

如图 7-12(b)所示，画出机件的视图。在画图熟练之后，可省略此步。

2) 选择剖切面的位置

为了反映机件内部结构的实形，剖切面的位置一般应通过物体内部的孔、槽的对称面或轴线，且使其平行或垂直于某一投影面，如图 7-12(a)所示，以机件的前后对称平面为剖切面。

3) 画出剖切面后面机件所有结构形状的投影，绘制剖面符号

注意：剖切面后面的可见轮廓线应全画出，不可见轮廓线(虚线)需判断是否需要画出。一般情况下省略不画，只有当机件的某些结构没有表达清楚时，为了不增加视图，应画出必要的虚线。如图 7-12(c)所示，先画出剖切面后面的全部可见轮廓线，再判断不可见轮廓线的细虚线是否需要画出，图 7-12(c)中未表达清楚机件左边台阶的高度，所以此处虚线需要画出，如图 7-12(d)所示。

4) 剖视图的标注

剖视图的标注一般包括三个部分：如图 7-12(e)所示。

(1) 视图名称：在剖视图的上方用大写拉丁字母标注出剖视图名称"*X—X*"；

(2) 剖切符号：指示剖切面起、迄、转折位置的粗短划及指示投影方向的箭头；

(3) 在剖切符号旁注写相同的字母"*X*"。

注意：剖视图在下列情况下可以简化或省略标注。

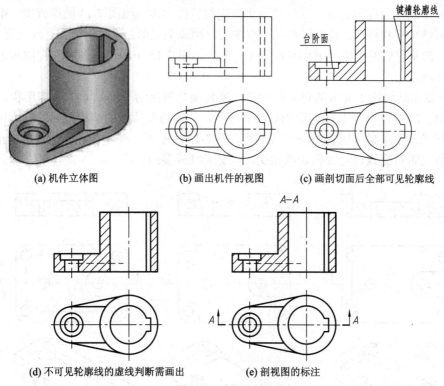

(a) 机件立体图　　　　　(b) 画出机件的视图　　　　(c) 画剖切面后全部可见轮廓线

(d) 不可见轮廓线的虚线判断需画出　　　(e) 剖视图的标注

图 7-12　剖视图的画法

(1) 省略箭头：当剖视图按投影关系配置，且中间又没有其他图形隔开时，可省略表示投影方向的箭头，如图 7-13 中的 *A—A* 剖视图。

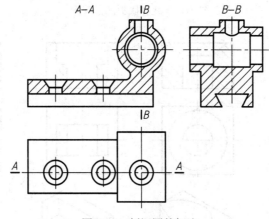

图 7-13　剖视图的标注

(2) 省略全部标注：当单一剖切平面通过机件的对称面或基本对称面，且剖视图按投影关系配置，中间又没有其他图形隔开时，可省略全部标注。如图 7-13 所示中的 *A—A* 剖视图，可以完全省略标注，但图中的 *B—B* 剖视图因为剖切平面的位置未通过机件的对称面或基本对称面，因此 *B—B* 的标注不能省略。

画剖视图应注意的几个问题：

(1) 剖切的假想性。由于剖切是假想的，因此，所画剖视图不影响其他图形的绘制，即当某个视图画成剖视图之后，其他视图仍按完整机件画出，如图 7-13 的俯视图。根据机件的内外部结构形状特点，我们可把几个视图同时画成剖视图，这些剖视图之间相互独立，互不影响，但是它们的剖面线方向和间隔要一致，如图 7-13 中的主视图和左视图都采用的剖视图的画法。

(2) 不要漏画剖切平面后的可见轮廓线。要仔细分析剖切平面后面的结构形状，以免漏画或多画。图 7-14 所示是剖切面形状位置相同，但剖切面后面的结构不同的三块底板的剖视图的例子，要注意区别它们的不同之处。图 7-15 所示是一些不同孔、槽的结构形状，应认真分析是否有交线，是否相切或相交，以免漏画或多画。

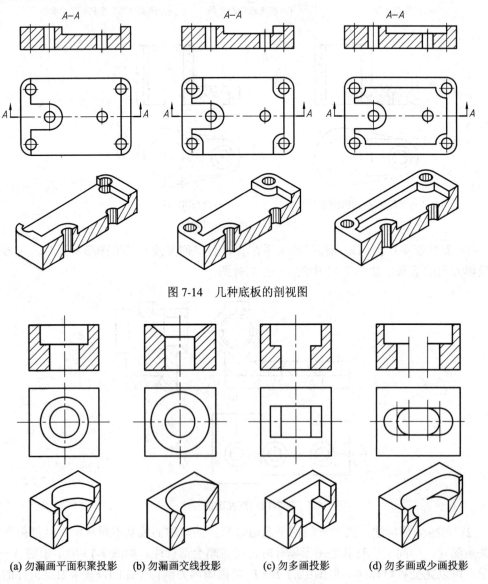

图 7-14　几种底板的剖视图

(a) 勿漏画平面积聚投影　　(b) 勿漏画交线投影　　(c) 勿多画投影　　(d) 勿多画或少画投影

图 7-15　不同孔、槽结构的剖视图

(3) 在剖视图中一般不画虚线，只有当机件的某些结构没有表达清楚时，为了不增加视图，应画出必要的虚线。如图 7-16(a)所示，连接板形状在俯视图中已表达清楚，虚线省略不画。如图 7-16(b)所示，拨叉中间下面槽的结构形状在图中未表达清楚，所以在左视图中应画出虚线。

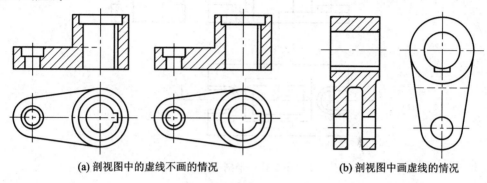

(a) 剖视图中的虚线不画的情况   (b) 剖视图中画虚线的情况

图 7-16 剖视图中的虚线

7.2.3 剖视图的种类

按假想剖切平面剖开机件的范围不同，剖视图分为全剖视图、半剖视图和局部剖视图。

1. 全剖视图

1) 概念

用剖切面完全将机件剖开后所得到的剖视图称为全剖视图，简称全剖。如图 7-17 中的主视图就是全剖视图。

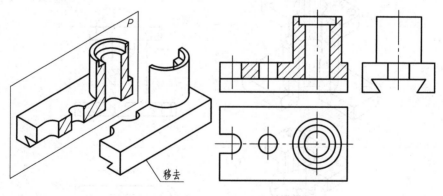

图 7-17 全剖视图

2) 应用

全剖视图一般用于表达外部形状比较简单，内部结构比较复杂的机件。

2. 半剖视图

1) 概念

当机件具有对称平面时，向垂直于对称平面的投影面上投射所得到的图形，可以以对称中心线为分界，一半画成剖视，一半画成视图，这种表达方式画出的剖视图称为半剖视图，简称半剖。如图 7-18 中的主视图就是半剖视图。

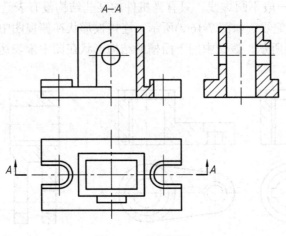

图 7-18　半剖视图

2) 应用

　　半剖视图中的剖视部分表达了机件的内部结构形状，视图部分表达了机件的外部结构形状，它具有"内外兼顾"的特点，因此半剖视图适用于表达内、外部结构形状都复杂，在某投影面上的投影具有对称性的机件。如图 7-19 所示的机件，其内、外形都比较复杂，如果主视图采用全剖视图，则顶板下的凸台就表达不出来；如果俯视图采用全剖视图，则长方形顶板及顶板上四个小孔的形状和位置就表达不出来，因此机件不适宜用全剖视图来表达。为了做到内外兼顾，可用如图所示的剖切方法，将主视图和俯视图画成半剖视图。

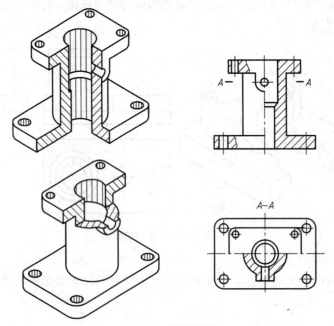

图 7-19　半剖视图

3) 标注

　　半剖视图的标注方法与全剖视图相同。例如图 7-19 中所示的机件为左右对称，前后基本对称，主视图所采用的单一剖切平面通过机件的前后基本对称平面，且剖视图按投影关系配置，中间又没有其他图形隔开，所以不需要标注；而俯视图所采用的剖切平面并非通过机件的对称平面，所以必须标出剖切位置和剖视图名称，但箭头可以省略。

4) **注意**

(1) 剖视部分与视图部分的分界线用细点画线画出，不能用粗实线。

(2) 由于图形对称，零件的内部形状已在半个剖视图中表达清楚，所以在表达外形的半个视图中，虚线省略不画；若机件的某些内形在剖视图中未表达清楚，则在表达外形的视图中，应用虚线画出。如图 7-19 主视图所示，顶板和底板上的圆柱孔，应用细虚线画出(或采用局部剖视图表达)。

(3) 半剖视图的习惯配置。主视图和左视图左右配置时，左边画视图，右边画剖视图。俯视图上下配置时，上边是视图，下边是剖视图，如图 7-19 所示。

(4) 当机件的形状不完全对称但接近于对称，且不对称部分已有视图表达清楚时，也允许画成半剖视图，如图 7-20 所示。

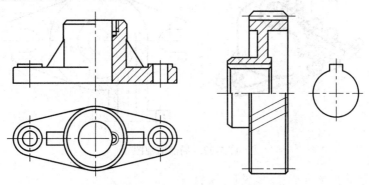

图 7-20 接近对称机件的半剖视图

(5) 半个剖视和半个视图必须以细点画线分界，当机件的形状完全对称，但在剖视图中可见轮廓线与作为分界线的细点画线重合时，此时应避免使用半剖视图，而需选择其他的表达方式(如局部剖视图)。如图 7-21 所示主视图，尽管图的内外形状都对称，似乎可以采用半剖视。但采用半剖视图后，其分界线恰好和内轮廓线相重合，不满足分界线是细点画线的要求，所以不应用半剖视表达，而宜采取局部剖视表达，并且用波浪线将内、外形状分开。

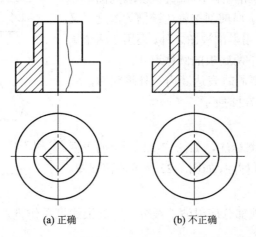

(a) 正确   (b) 不正确

图 7-21 不宜作半剖视图，而应作局部剖视图

3. 局部剖视图

1) 概念

用剖切面局部的剖开机件所得到的剖视图称为局部剖视图，简称局剖。如图 7-22 所示的主视图剖开一部分，以表达内部结构；保留局部外形，以表达凸缘形状及其位置。俯视图局部剖开，以表达凸缘内孔结构。

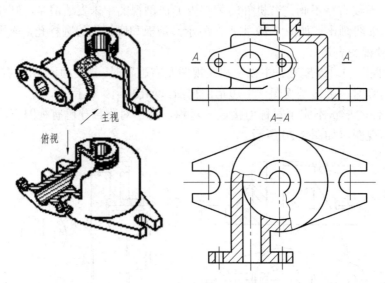

图 7-22　局部剖视图

2) 应用

局部剖视图具有同时表达机件内、外部结构的优点，它是一种比较灵活的表达方法，不受机件是否对称的限制，在什么位置剖切，剖切范围多大，根据实际需要决定。但使用时要考虑到读图方便，剖切不要过于零碎。局部剖视图常用于下列两种情况：

(1) 机件只有局部内形要表达，而又不必或不宜采用全剖视图时。如轴、手柄等实心机件上有孔、槽，机件底板、凸缘上的小孔等结构采用局部剖视图。如图 7-23所示的轴上键槽，采用了局部剖来表达键槽的深度。又如图 7-19 主视图中除了用半剖视图之外，还用了两个局部视图来表达机件的上下两底板的圆柱通孔。

(2) 不对称机件需要同时表达其内、外形状时，宜采用局部剖视图。如图 7-22 所示。

3) 标注

局部剖视图一般省略标注，如图 7-22 所示的主视图；也可同全剖视图一样标注，如图 7-22 所示的俯视图。

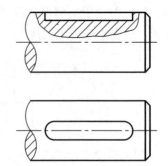

图 7-23　轴上键槽的局部剖视图

4) 注意

(1) 局部剖视与剖视部分应以波浪线分界，波浪线可看作机件断裂痕迹的投影，波浪线的画法应注意以下几点：

① 波浪线不能超出图形轮廓线，如图 7-24(a)所示。

② 波浪线不能穿孔而过，如遇到孔、槽等结构时，波浪线必须断开，因为这些地方没有断裂痕迹，如图 7-24(a)所示。

③ 波浪线不能与图形中任何图线重合，也不能用其他线代替或画在其他线的延长线上，如图 7-24(b)、(c)所示。

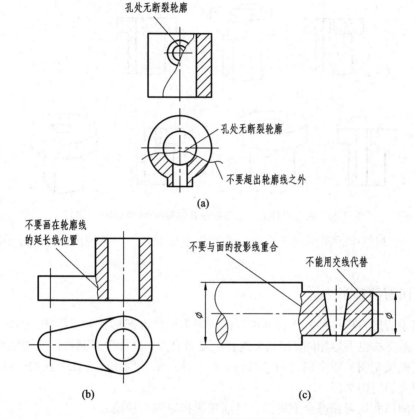

图 7-24　局部视图中波浪线的画法

(2) 当被剖结构为回转体时，允许将该回转体的轴线作为局部剖视与视图的分界线。如图 7-25 所示右端的圆筒结构用轴线作为局部剖视与视图的分界线。

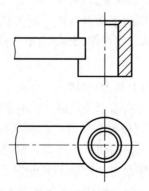

图 7-25　回转体轴线作为局部剖视图分界线

(3) 当对称机件的可见轮廓线与作为分界线的细点画线重合时，不宜采用半剖视图，可采用局部剖视图，局部剖视图中波浪线位置的选择要根据机件的内、外部结构形状的特点来决定。如图 7-26 所示，依据机件不同的内、外部结构形状，采用了不同的断开(波浪线)位置。

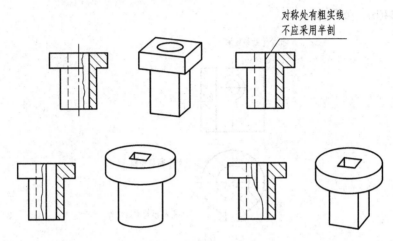

图 7-26　对称机件局部剖视图断开位置(波浪线)的正确选择

(4) 在一个视图中，采用局部剖视图的部位不宜太多，以免使图形显得过于破碎而影响读图。

7.2.4　剖切面的种类

剖视图是假想将机件剖开而得到的视图，因为机件内部形状的多样性，剖切面的种类和剖开机件的方法也不尽相同。剖切面选择的是否合理，直接关系到机件的表达是否清晰。国家标准《机械制图》规定剖切图的剖切面有三种：单一剖切面、几个互相平行的剖切平面和几个相交的剖切平面。

用三种剖切面均可获得全剖视图、半剖视图和局部剖视图。

1. 用单一剖切面剖切(单一剖)

单一剖切面包括单一剖切平面、单一斜剖切平面和单一剖切柱面。

1) 用单一剖切平面(平行于基本投影面)剖切

用一个平行于某一基本投影面的平面剖开机件的方法，称为用单一剖切平面剖切。前面介绍的全剖视图、半剖视图和局部剖视图，均是由单一剖切平面剖得，如图 7-10～图 7-26 所示。

2) 用单一斜剖切平面(投影面垂直面)剖切

当机件上有倾斜部分的内部结构需要表达时，用不平行于任何基本投影面(一般为投影面垂直面)的剖切平面剖开机件，再投射到与剖切平面平行的辅助投影面上，以真实的表达机件的内形，这种方法称为用单一斜剖切平面剖切，简称斜剖。

采用斜剖的方法画出的剖视图最好按投影关系配置并标注，在图形上方标注剖视图名称"X—X"，表示剖切位置的粗短划与剖切平面迹线方向一致，表示投射方向的箭头一定垂直于被表达的倾斜部分，字母按水平位置书写，如图 7-27 所示。在不至于引起误解的情况下，允许将图形旋转放正画出，但必须加旋转符号，如图 7-27 所示。当需要标注图形旋转角度时，可将角度标注在图名"X—X"后。

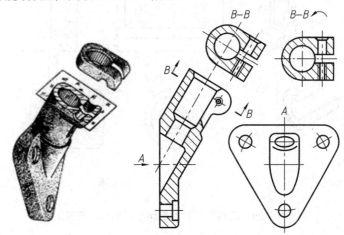

图 7-27　用单一斜剖切平面获得的剖视图

3) 用单一柱面剖切

当机件上有沿圆周分布的孔、槽等结构需要表达时，常采用单一圆柱面剖切。

用单一柱面剖得的剖视图一般采用展开画法，即应将剖切柱面及其后面的结构展开成平行于投影面的平面后再向投影面投射得到剖视图，此时应在剖视图上方标注"X—X 展开"字样，如图 7-28 所示。

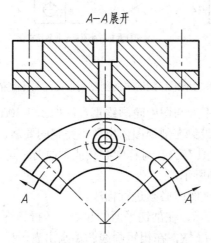

图 7-28　用单一柱面剖切剖得的剖视图

2. 用几个平行的剖切平面剖切(阶梯剖)

当机件的内部结构分布在相互平行的平面上时，若用一个剖切平面无法将其都剖到时，可采用几个相互平行的剖切平面剖开机件，这种方法简称为阶梯剖，如图 7-29 所示。

用几个平行的剖切平面剖切时，需注意：

(1) 因为剖切是假想的，所以在剖切平面的转折处，不应画剖切平面转折处的界限，如图 7-29(b)及图 7-30(a)所示。

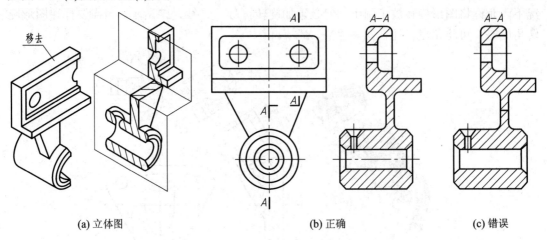

(a) 立体图　　　　　　　　　　(b) 正确　　　　　　　　　　(c) 错误

图 7-29　用两个平行的剖切平面剖得的剖视图

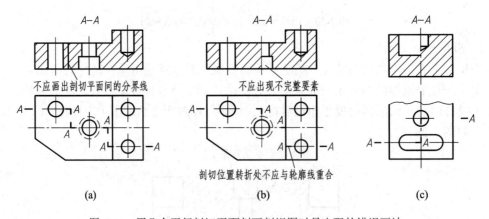

(a)　　　　　　　　　　(b)　　　　　　　　　　(c)

图 7-30　用几个平行剖切平面剖画剖视图时易出现的错误画法

(2) 剖切平面的转折处不应与图中轮廓线重合，如图 7-30(b)所示。

(3) 选择好剖切位置，避免在剖视图内出现不完整的要素，如图 7-30(b)所示。只有当机件上的两个要素在图形上具有公共对称中心线或轴线时，可以以对称中心线或轴线为分界线各画一半，如图 7-30(c)所示。

(4) 采用这种方法画剖视图时必须进行标注。

标注方法：如图 7-29 所示，在剖切平面的起始、转折和终止处画出粗短线，并在旁边注写与剖视图名称相同的字母 X，在粗短画线两端画出表示投射方向的箭头，并在剖视图上方写上剖视图名称"$X—X$"。

标注简化：若转折处的位置有限，可省略字母 X。若按投影关系配置，且中间没有图形隔开时，可以省略箭头。如图 7-29 所示省略了箭头。

3. 用几个相交的剖切平面剖切(旋转剖)

当需要表达具有公共回转轴线的机件，如轮、盘、盖类零件上的孔、槽等的内部结构形状的时候，若采用单一剖切面，机件上需表达的几个内部结构不能同时剖切到时，可以采用几个相交的剖切平面剖开机件，并将被倾斜剖切平面剖开的结构及有关部分旋转到与选定的投影面平行再进行投射，这种方法称为用几个相交的剖切平面剖切机件，简称旋转剖。

如图 7-31 所示，用一个剖切平面不能同时剖到零件上的小孔、中心孔及凸台。因此用两个相交的剖切平面(其交线为轴线，一个面是侧平面，一个面是正垂面)剖切机件，这样可同时剖到三个孔，剖开后需要将与投影面不平行的剖切面绕轴线旋转到与投影面平行，即与侧立投影面平行后再进行投射，这样就可以在同一剖视图上表达出两个相交剖切面所剖到的结构。

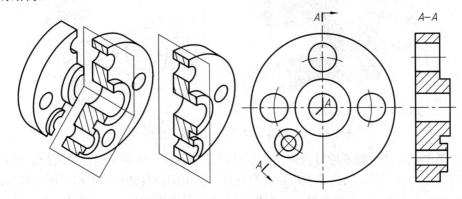

图 7-31　用两个相交剖切平面剖得的剖视图

用几个相交的剖切平面剖切时，需注意：

(1) 两个剖切平面的交线一般应与机件上的回转轴重合。

(2) 剖开机件后，需将倾斜的剖切平面旋转到与选定的基本投影面平行，使投影反映实形；但在剖切平面后的其他结构，一般应按原来的位置画出其投影，如图 7-32 所示的油孔，俯视图的投影是椭圆而不是圆。

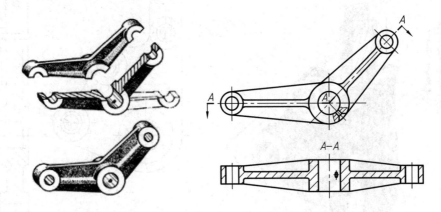

图 7-32　剖切平面后的结构按原位置投影

(3) 采用两个剖切平面剖切机件后，若产生不完整要素，应将此部分按不剖绘制，如图 7-33 所示。

(4) 采用这种画法画剖视图时必须进行标注。

标注方法：用几个相交剖切平面获得的剖视图与用几个平行剖切平面获得的剖视图的

标注类似，在剖切平面的起始、转折和终止处画出粗短线，并在旁边注写与剖视图名称相同的字母 *X*，在起、止粗短线画出表示投射方向的箭头，并在剖视图上方写上剖视图名称"*X—X*"，如图 7-31、图 7-32、图 7-33 所示。

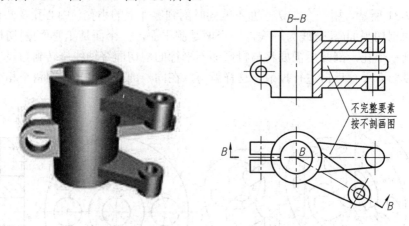

图 7-33　剖切机件后产生不完整要素时的画法

标注简化：若转折处的位置有限，可省略字母 *X*。箭头仅表示剖视图的投射方向而与剖切面的旋转方向无关，因此若按投影关系配置，且中间没有图形隔开时，可以省略箭头。

(5) 用几个相交平面剖切机件时，根据需要可以采用展开画法。如图 7-34 所示，为了表达机件的孔、槽等内部结构，采用四个相交平面剖切机件，由于其中三个剖切面与基本投影面不平行，其某些投影会因重叠而表达不清楚，此时剖视图一般采用展开画法。当采用展开画法时，在剖视图上方应标注"*X—X* 展开"。

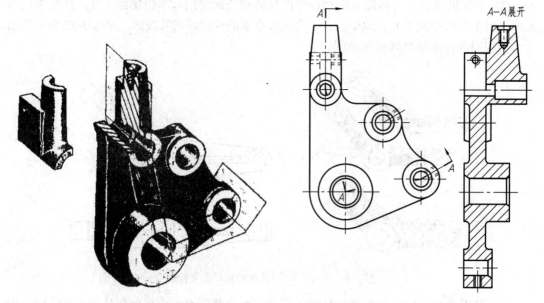

图 7-34　几个相交平面剖切机件的展开画法

上述各种剖切面可单独使用，也可几种剖切面组合起来用，用组合的剖切面剖开机件的方法，称为复合剖。

复合剖的画法和标注与用几个相交的剖切平面获得的剖视图相同,如图 7-35 所示。

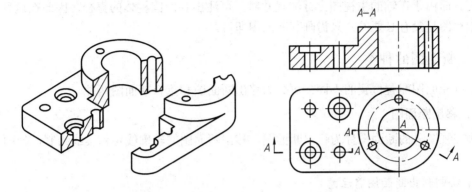

图 7-35　复合剖

7.3　断　面　图

7.3.1　断面图的概念

　　断面图主要用来表达机件某部分截断面的形状,它是假想用剖切面把机件的某处切断,仅画出剖切面与机件接触部分的图形,称为断面图,简称断面,如图 7-36 所示。

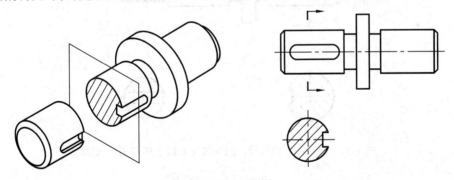

图 7-36　断面图

　　断面图与剖视图的区别在于:断面图一般只画出机件的断面形状,如图 7-37(a)所示;而剖视图除了画断面形状以外,还要画出剖切面后面部分的可见投影,如图 7-37(b)所示。

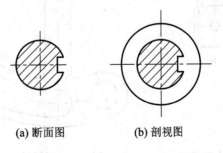

(a) 断面图　　　　　　　(b) 剖视图

图 7-37　断面图与剖视图的区别

图 7-36 所示的轴的左端有一键槽，在主视图中能表示它的形状和位置，但不能表达键槽深度。而由于在轴的主视图上标注尺寸时，可注出各段圆柱体的直径，因此在这种情况下画剖视图是没有必要的，只需画其断面图即可。

7.3.2　断面图的种类

根据断面图配置位置的不同，可分为移出断面图和重合断面图两种。

1. 移出断面图

画在视图外的断面图称为移出断面图，移出断面图的轮廓线用粗实线绘制，如图 7-36 所示。

1) 绘制移出断面图需注意

(1) 移出断面图应尽量配置在剖切符号(粗短画线)的延长线上(如图 7-38 所示左侧断面图)或剖切线(表示剖切面位置的细点画线)的延长线上(如图 7-38 所示右侧断面图)。必要时可将移出断面图配置在其他适当的位置(如图 7-39 中的 A—A 断面图)。在不致引起误解的情况下，允许将图形旋转配置，此时应在断面图上方标出旋转符号(如图 7-40 所示)。

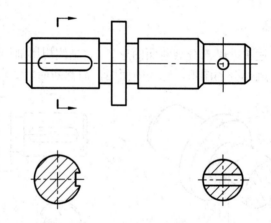

图 7-38　配置在剖切符号、剖切线延长线上的移出断面图

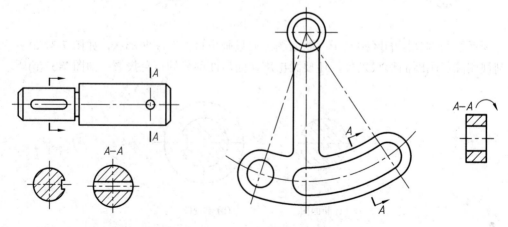

图 7-39　配置在适当位置的移出断面图 A—A　　　　图 7-40　经旋转的移出断面图

(2) 断面图图形对称时，也可将断面图画在原有图形的中断处，如图 7-41 所示。

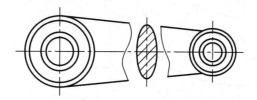

图 7-41　配置在视图中断处的移出断面图

(3) 为了表示截断面的真实形状，剖切平面一般应垂直于机件的轮廓线，如图 7-42 所示。

对于两个倾斜的肋板，为了表示截断面的真实形状，应由两个或多个相交剖切平面垂直于肋板的轮廓切出移出断面图，此时断面图中间应该用波浪线断开画出，如图 7-43 所示。

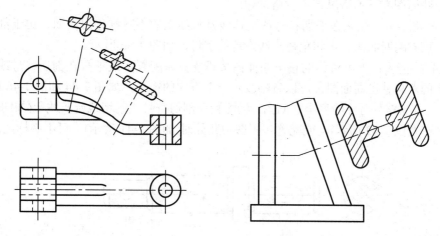

图 7-42　剖切平面应垂直于机件的轮廓线　　　　图 7-43　用两个相交平面剖切的移出断面图

(4) 在一般情况下，断面图仅画出被切断截面的形状，但以下两种情况时，这些结构应按剖视画出：

① 当剖切平面通过机件上回转面形成的孔或凹坑的轴线时，这些结构按剖视绘制，如图 7-44 所示。

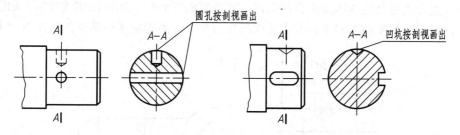

图 7-44　按剖视图画出的移出断面图一

② 当剖切平面通过非圆孔会导致出现完全分离的两个断面时，这些结构也应按剖视绘制，如图 7-45(a)所示。7-45(b)给出了该结构剖视图的画法，应注意其断面图和剖视图的区别。

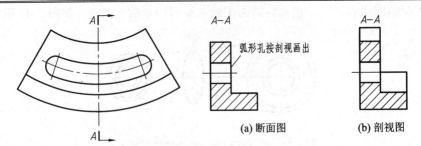

图 7-45　按剖视图画出的移出断面图二

2) 移出断面图的标注

移出断面图一般应用剖切符号表示剖切位置，用箭头表示投影方向，并注写字母"**X**"，在断面图上方以同样的字母注出断面图的名称"**X—X**"，如图 7-45(a)所示。

移出断面图在下列情况下可省略标注：

(1) 省略字母：配置在剖切符号或剖切线延长线上的不对称移出断面，由于剖切位置很明确，可省略断面图名称和粗短画线附近的字母，如图 7-36 所示。

(2) 省略箭头：当不对称的移出断面图按投影关系配置，或不画在剖切符号或剖切线延长线上的对称移出断面图，可以省略表示投射方向的箭头，如图 7-44 和图 7-46 所示。

(3) 全部省略：对称的移出断面图，当配置在剖切符号或剖切线延长线上(如图 7-38 通孔的剖视图及图 7-42 所示)，或配置在视图中断处时(如图 7-41 所示)，可不必标注。

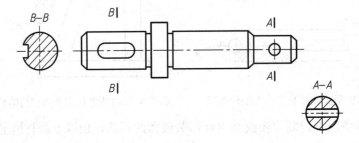

图 7-46　移出断面图的标注——省略箭头

2. 重合断面图

画在视图内的断面图称为重合断面图，重合断面图的轮廓线用细实线绘制，如图 7-47 所示。这种表示截断面的方法只有在截面形状简单，且不影响图形清晰的情况下才采用。

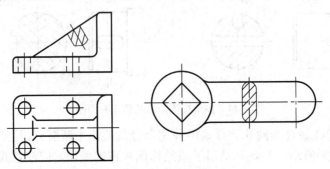

图 7-47　重合断面图

1) 绘制重合断面图需注意

(1) 当视图中的轮廓线与重合断面图的图形轮廓线重叠时，视图中的轮廓线仍应完整画出，不可中断，如图 7-48 所示。

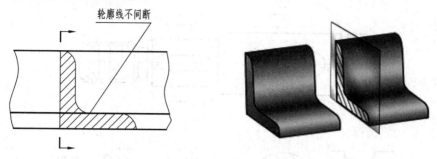

图 7-48　重合断面图的画法

(2) 注意重合断面图和移出断面图的区别。重合断面图的轮廓线为细实线，如图 7-49(a)所示；若将其改为移出断面图，则轮廓线要画粗实线，并用波浪线封闭图形，如图 7-49(b)所示。

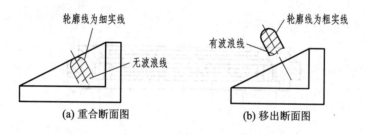

(a) 重合断面图　　　　　　　　(b) 移出断面图

图 7-49　重合断面图和移出断面图画法比较

2) 重合断面图的标注

由于重合断面图是直接画在视图内的剖切位置上，因此标注时可省略字母。

不对称的重合断面图，一般应标出剖切符号及表示投射方向的箭头，如图 7-48 所示。对称的重合断面不必标注，如图 7-47 所示。

7.4　其他表达方法

7.4.1　局部放大图

将机件的部分结构，用大于原图形所采用的比例画出的图形，称为局部放大图，如图 7-50 所示轴上的退刀槽和挡圈槽，这些细小的结构图形不清晰或不便于标注尺寸时，可采用局部放大图来表示。

绘制局部放大图时需注意：

(1) 绘制局部放大图时，应在原图形上用细实线圈出被放大的部位。当同一机件上有多处结构需放大时，应用罗马数字依次编号，并在局部放大图上方标出相应的罗马数字和所采用的比例，如图 7-50 所示。当机件上仅有一个放大部位时，在局部放大图上方只需注明所采用的比例，如图 7-51 所示。

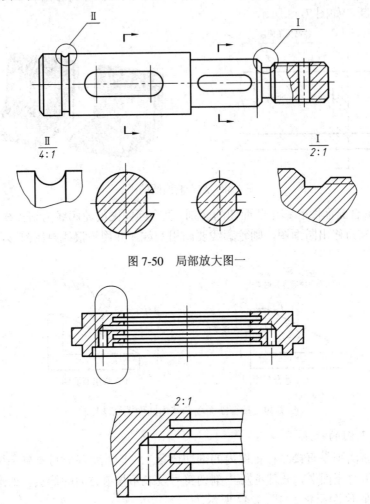

图 7-50　局部放大图一

图 7-51　局部放大图二

必须指出，局部放大图上标注的比例是指该图形与机件实际大小之比，而不是与原图形之比。

(2) 局部放大图应尽量配置在被放大部位的附近，如图 7-50 所示。

(3) 局部放大图可画成视图、剖视图、断面图等，它与原图形被放大部分的表达方式无关，被放大部分与机件整体的断裂处一般用波浪线表示。如图 7-50 所示，Ⅰ 处采用了局部剖视图表示，Ⅱ 处采用局部视图表示。

(4) 局部放大图应和被放大部分的投影方向一致，若为剖视图和断面图，其剖面线的方向和间隔应与原图一致，如图 7-50 所示。

(5) 必要时可用几个图形表达同一个被放大部分的结构，如图 7-52 所示。

(6) 同一机件上不同部位局部放大图相同或对称时，只需画出一个放大图，如图 7-53 所示。

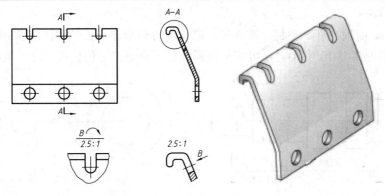

图 7-52　局部放大图三

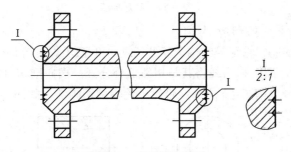

图 7-53　局部放大图四

7.4.2　常用的规定画法和简化画法

绘图时，为了提高绘图效率，在不影响机件完整表达和清晰的前提下，对机件的某些结构，国家标准规定了一些简化画法。

1) 相同结构的简化画法

当机件上有若干相同结构(齿、槽)按一定规律分布时，只需画出几个完整的结构，其余用细实线连接，但在图中需注明结构要素的总数，如图 7-54(a)所示。

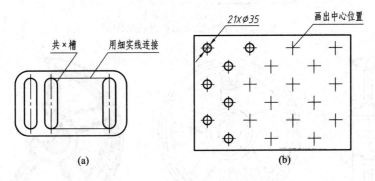

图 7-54　相同结构的简化画法

当机件上有若干直径相同且成规律分布的孔(圆孔、螺孔、沉孔)时，可仅画出一个或几个，其余的只需用细点画线或细实线表示其中心位置，并在图中注明孔的总数，如图 7-54(b)所示。

2) 断开画法

较长机件，如轴、杆、型材、连杆等，沿长度方向形状一致(如图 7-55(a)所示)或按一定规律变化(如图 7-55(b)所示)时，可将机件断开后缩短画出，但仍按实际长度标注尺寸。

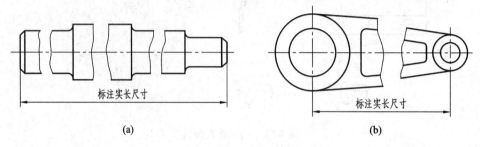

(a)　　　　　　　　　　　　　　(b)

图 7-55　断开画法

3) 机件上肋、轮辐等的剖切

(1) 对于机件上的肋、轮辐等结构，若沿其纵向剖切(沿厚度方向剖切)时，通常按不剖绘制，不画剖面符号，而用粗实线将其与相邻部分分开；横向剖切时，按剖视画出，这些结构应画上剖面符号，如图 7-56 所示。带轮上轮辐剖切画法，如图 7-57 所示。

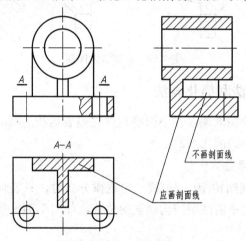

不画剖面线

应画剖面线

图 7-56　轴承座上肋板剖切的画法

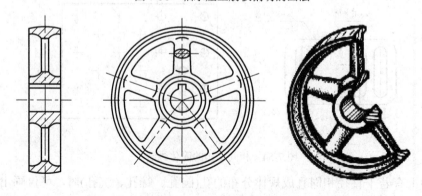

图 7-57　带轮上轮辐剖切的画法

(2) 机件上均匀分布的肋、轮辐、孔等结构，当其不处在剖切平面上时，可将这些结构假想旋转到剖切平面上画出，如图 7-58 所示。

(3) 均匀分布的孔，只画一个，其余用中心线表示孔的中心位置，如图 7-58 所示。

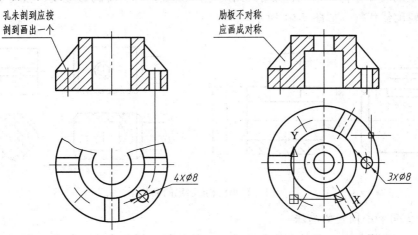

图 7-58 均布的肋、孔自动旋转

4) 平面的表示法

当回转体上平面不能充分表达时，可用平面符号(相交的两条细实线)表示，如图 7-59 所示。

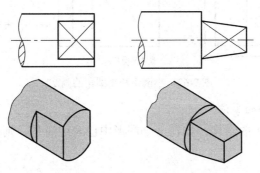

图 7-59 平面符号

5) 圆柱形法兰上均布孔的画法

圆柱形法兰和类似零件上的均布孔，可由机件外向该法兰端面方向投射画出，如图 7-60 所示。

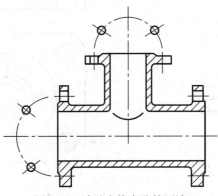

图 7-60 法兰上均布孔的画法

6) 较小结构(截交线、相贯线)的简化画法

机件上的较小结构,如圆柱形轴上钻小孔、铣键槽等出现的截交线、相贯线,允许省略,而用轮廓线代替,如图 7-61 所示。

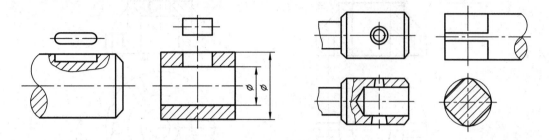

图 7-61　较小结构(交线)的简化画法

7) 小倒角和小圆角的画法

在不致引起误解时,零件图中的小圆角、锐边的小倒角或 45° 倒角允许省略不画,但必须标注出尺寸或在技术要求中加以说明,如图 7-62 所示。

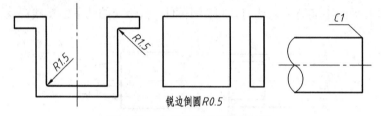

图 7-62　小倒角和小圆角的画法

8) 斜度不大的结构的画法

(1) 机件上斜度不大的结构,如在一个图形中已表达清楚,则在其他图形中可按小端画出,如图 7-63(a)所示。

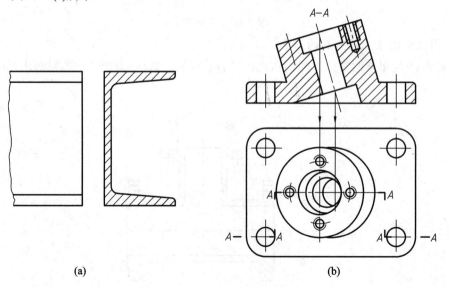

(a) 　　　　　　　　　　(b)

图 7-63　斜度不大的结构的画法

(2) 当圆或圆弧与投影面倾斜角度小于或等于 30° 时，其投影可用圆或圆弧代替，如图 7-63(b)所示。

9) 对称机件的简化画法

对称机件的视图可只画 1/2 或 1/4，并在对称中心线的两端画出两条与其垂直的平行细实线，如图 7-64 所示。

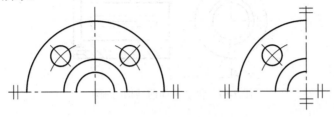

图 7-64　对称机件的简化画法

10) 滚花的简化画法

机件上的滚花或网状物、编织物，一般采用在轮廓线附近用粗实线局部画出的方法表示，也可省略不画，而在图形上或技术要求中注明这些结构的具体要求，如图 7-65 所示。

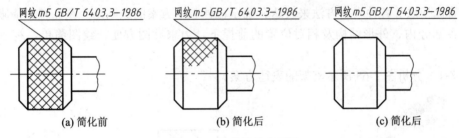

图 7-65　滚花的简化画法

11) 剖中剖的画法

在剖视图中可再作一次局部剖切，但两个剖面的剖面线应画成同方向、同间隔，但要互相错开，并用细实线引出标注其名称(如剖切位置明显，也可省略不标)，如图 7-66 所示的 *B—B*。

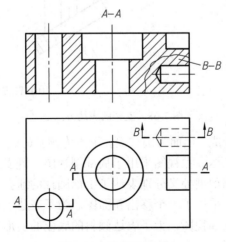

图 7-66　剖中剖的画法

12) 剖切平面前结构的画法

需要表示位于剖切平面前的结构时，这些结构可按假想投影的轮廓线(细双点画线)画出，如图 7-67 所示。

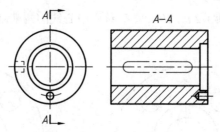

图 7-67　剖切平面前结构的画法

7.5　机件的各种表达方法综合应用举例

在绘制图样时，应根据零件的内、外部结构形状的特点，综合运用视图、剖视图、断面图、简化画法等各种表达方法来表达。确定机件表达方案的原则是：在完整、清晰的表达机件各部分内、外形结构及相对位置的前提下，力求读图方便，绘图简单，视图数量最少。

例 7-1　分析图 7-68 所示支架的表达方案。

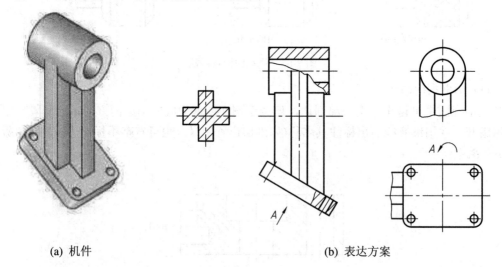

(a) 机件　　　　　　　　　　　　　　(b) 表达方案

图 7-68　支架的表达方法

该支架主要由三部分构成，上面为圆柱筒，下方为倾斜的底板，中间以十字肋板相连。该机件共用了四个图形来表达。主视图采用了局部剖视图，既表达了圆筒、十字肋板、斜板等外部结构形状，两个局部剖处又分别表达了上部圆柱的通孔及斜板上的小通孔。为了表达十字肋板的断面形状，采用了一个移出断面图。为了表达上面圆柱筒与十字肋板的相对位置关系，采用了一个局部视图。为了表达倾斜的底板的实形及其与十字肋板的相对位置关系，采用了一个斜视图。

例 7-2　以图 7-69 所示阀体为例，说明各种表达方法的综合运用。

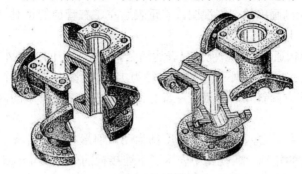

图 7-69　阀体

(1) 形体分析。

由阀体立体图(图 7-69)可见，阀体由管体、长方形顶板、圆形底板、圆形左连接板、腰形右连接板等五个部分构成。

(2) 图形分析。

如图 7-70 所示，阀体的表达方案共有五个图形：两个基本视图(全剖主视图"*B—B*"、全剖俯视图"*A—A*")、一个局部视图("*D*"向)、一个局部剖视图("*C—C*")和一个斜剖视图("*E—E* 旋转")。

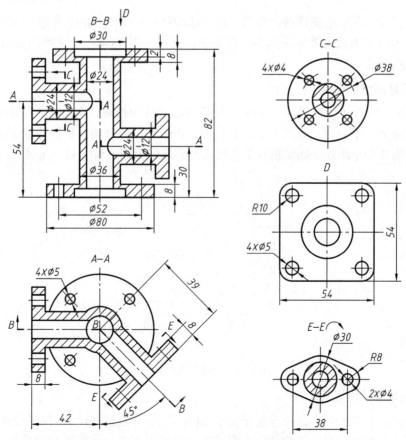

图 7-70　阀体零件的综合表达方案

主视图"*B—B*"是采用旋转剖画出的全剖视图,表达阀体的内部结构形状;俯视图"*A—A*"是采用阶梯剖画出的全剖视图,着重表达左、右管道的相对位置,还表达了下连接板的外形及 4×φ5 小孔的位置。

管体的内、外形状通过主、俯视图已表达清楚,它是由中间一个外径为 36、内径为 24 的竖管,左边一个距底面 54、外径为 24、内径为 12 的横管,右边一个距底面 30、外径为 24、内径为 12、向前方倾斜 45° 的横管三部分组合而成。三段管子的内径互相连通,形成有四个通口的管件。

阀体的上、下、左、右四块连接板厚度都为 8,但形状大小各异,主视图以外的四个图形分别表达了它们的轮廓,俯视图中表达了下连接板的外形及 4×φ5 小孔的位置。

"*C—C*"局部剖视图,表达左端管连接板的外形及其上 4×φ4 孔的大小和相对位置;"*D*"向局部视图,相当于俯视图的补充,表达了上连接板的外形及其上 4×φ6 孔的大小和位置;因右端管与正投影面倾斜 45°,所以采用斜剖画出"*E—E*"全剖视图,以表达右连接板的形状。

7.6 第三角画法简介

用正投影法绘制工程图样时,有第一角画法和第三角画法,ISO 标准规定这两种画法具有同等效力。我国规定优先采用第一角画法,而有些国家(如英、美等国)的图样是采用第三角画法绘制的。

1. 第三角画法的概念

如图 7-71 所示,由三个互相垂直相交的投影面组成的投影体系,把空间分成了八个部分,每一部分为一个分角,依次为 Ⅰ、Ⅱ、Ⅲ、Ⅳ…Ⅶ、Ⅷ分角。将机件放在第一分角进行投影,称为第一角画法。而将机件放在第三分角进行投影,称为第三角画法。

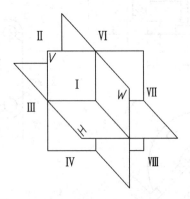

图 7-71 空间的八个分角

2. 第三角画法的原理

第三角画法与第一角画法原理区别在于人(观察者)、物(机件)、图(投影面)的位置关系不同。采用第一角画法时,把物体放在观察者与投影面之间,从投影方向看是"人、物、图"的关系，如图 7-72 所示。

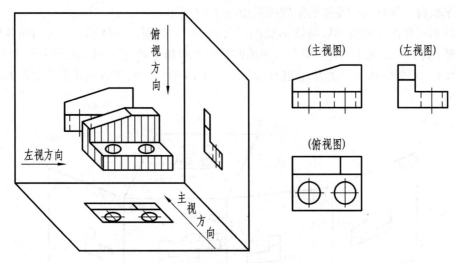

图 7-72　第一角画法原理

　　采用第三角画法时，把投影面放在观察者与物体之间，从投影方向看是"人、图、物"的关系，如图 7-73 所示。投影时就好像隔着"玻璃"看物体，将物体的轮廓形状印在"玻璃"(投影面)上。

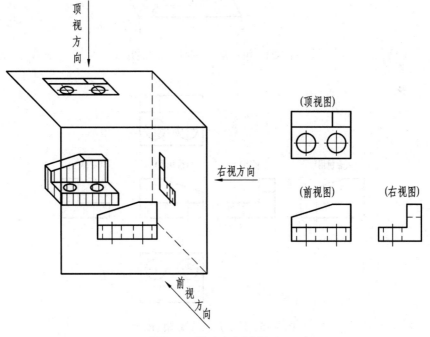

图 7-73　第三角画法原理

3. 第三角投影图的形成

　　采用第三角画法时，从前面观察物体在 V 面上得到的视图称为前视图；从上面观察物体在 H 面上得到的视图称为顶视图；从右面观察物体在 W 面上得到的视图称为右视图。各投影面的展开方法是：V 面不动，H 面向上旋转 $90°$，W 面向右旋转 $90°$，使三投影面处于同一平面内，展开后三视图的配置关系如图 7-73 所示。

　　采用第三角画法时也可以将物体放在正六面体中，分别从物体的六个方向向各投影面进行投影，得到六个基本视图，即在三视图的基础上增加了后视图(从后往前看)、左视图(从左往右看)、底视图(从下往上看)。展开方法如图 7-74 所示，展开后六视图的配置关系如图 7-75 所示。

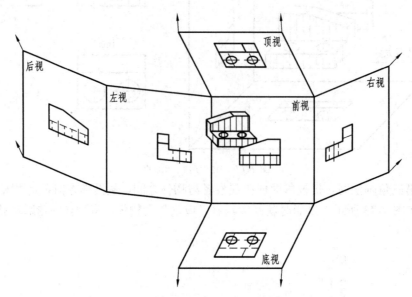

图 7-74　第三角画法投影面的展开

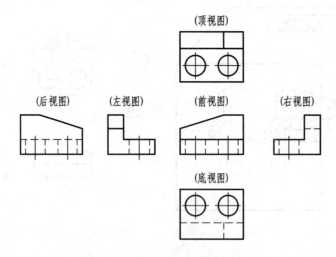

图 7-75　第三角画法视图的配置

　　基本视图的"三等"关系仍然适用，即各视图间仍保持"长对正、高平齐、宽相等"。方位关系：除后视图外，各视图远离主视图的外侧是机件的后面，与第一角画法正好相反。

4. 第一角和第三角画法的识别符号

　　为了识别第三角画法和第一角画法，国家标准 GB/T 14692—1993 规定采用第三角画法绘制技术图样时，必须在图样中标题栏上方或左方画出第三角画法的识别符号，如图7-76(b)所示。当采用第一角画法时，在图样中一般不画出第一角画法的识别符号，必要时也可画出，如图 7-76(a)所示。

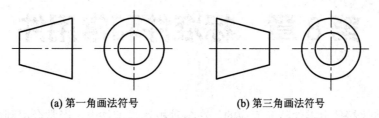

　　　　　(a) 第一角画法符号　　　　　　　　　　(b) 第三角画法符号

图 7-76　第一角和第三角画法的识别符号

第8章 标准件和常用件

机器或部件都是由零件装配而成的，在各种机器或部件中，经常会用到螺栓、螺钉、螺柱、垫圈、销、键、滚动轴承以及齿轮、弹簧等零件或组件，它们具有通用性强、需求量大等特点。为了适应现代制造和使用的要求，这些零(组)件的结构、尺寸画法等方面全部标准化或部分主要参数标准化、系列化，前者称为标准件，后者称为常用件。国家标准对这些零件都有统一的规定画法，本章将介绍一些标准件和常用件的基本知识和规定画法。

8.1 螺　　纹

8.1.1 螺纹的形成和结构

1. 螺纹的形成

在圆柱(或圆锥)表面上，沿着螺旋线所形成的具有相同剖面的连续凸起和沟槽，称为螺纹。在圆柱(锥)零件外表面上加工的螺纹称为外螺纹；在内表面上加工的螺纹称为内螺纹。加工螺纹的方法很多，图8-1为车床上加工外、内螺纹的示意图。

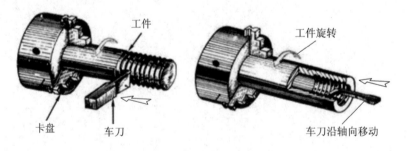

图 8-1　螺纹加工方法示例

2. 螺纹的结构

图 8-2 和图 8-3 画出了螺纹的末端、收尾和退刀槽。关于普通螺纹的倒角和退刀槽可查阅附录附表 4。

1) 螺纹的末端

为了便于装配和防止螺纹起始圈破坏，常在螺纹的起始处加工成一定的形式，如倒角、倒圆等，如图 8-2 所示。

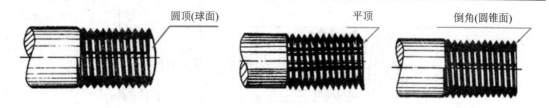

图 8-2　螺纹的倒角和倒圆

2) 螺纹的收尾和退刀槽

车削螺纹时，刀具接近螺纹末尾处要逐渐离开工件，因此螺纹收尾部分的牙型不完整，螺纹这一段不完整的收尾部分称为螺尾，为了避免产生螺尾，可以预先在螺纹末尾处加工出退刀槽，然后再车削螺纹，如图 8-3 所示。

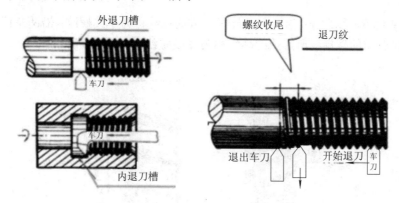

图 8-3　螺纹的收尾和退刀槽

8.1.2　螺纹的要素

1. 螺纹牙型

在通过螺纹轴线的剖面上，螺纹的轮廓形状称为螺纹牙型。常见的螺纹牙型有三角形、梯形、锯齿形等多种，如图 8-4 所示。不同的螺纹牙型，有不同的用途。

图 8-4　螺纹牙型示例图

2. 大径、小径和中径

大径：与外螺纹牙顶或内螺纹牙底相重合的假想圆柱面直径，称为大径。用 d 和 D 表示。

小径：与外螺纹牙底或内螺纹牙顶相重合的假想圆柱面直径，称为小径。用 d_1 和 D_1 表示。

外螺纹的大径 d 与内螺纹的小径 D_1 又称顶径；外螺纹的小径 d_1 与内螺纹的大径 D 又称底径。代表螺纹尺寸的直径称为公称直径，一般指螺纹大径的基本尺寸，如图 8-5 所示。

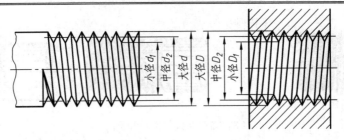

图 8-5　螺纹大径、小径示例图

中径：在大径与小径圆柱之间有一假想圆柱，在其母线上牙型的沟槽和凸起宽度相等。此假想圆柱称为中径圆柱，其直径称为中径，它是控制螺纹精度的主要参数之一。

3. 线数 n

螺纹有单线和多线之分：沿一条螺旋线所成的螺纹称为单线螺纹；沿两条或两条以上，且在轴向等距分布的螺旋线所形成的螺纹称为多线螺纹，如图 8-6 所示。

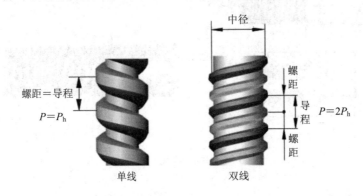

图 8-6　螺纹的线数、导程与螺距

4. 导程 P_h 与螺距 P

同一条螺旋线上的相邻两牙在中径线上对应两点中间的轴向距离称为导程，以 P_h 表示。相邻两牙在中径线上对应两点间的轴向距离称为螺距，以 P 表示。单线螺纹的导程等于螺距，即 $P_h = P$；多线螺纹的导程等于线数乘以螺距，即 $P_h = nP$。例如对于图 8-6 所示的双线螺纹，则 $P_h = 2P$。

5. 旋向

螺纹旋向分右旋(RH)和左旋(LH)两种，如图 8-7 所示。顺时针方向旋转时旋入的螺纹是右旋螺纹；逆时针方向旋转时旋入的螺纹称为左旋螺纹，也可按如图 8-7 所示方法来判断。工程上以右旋螺纹应用为多。

为便于设计计算和加工制造，国家标准对螺纹要素作了规定。在螺纹要素中，牙型、直径和螺距是决定螺纹的最基本的要素，通常称为螺纹三要素。凡螺纹三要素符合标准的螺纹称为标准螺纹。标准螺纹的公差带和螺纹标记均已标准化。螺纹的线数和旋向，如果没有特别注明，则

左旋　　　右旋(常用)

图 8-7　螺纹的旋向

为单线和右旋。

若要使内外螺纹正确旋合在一起构成螺纹副，那么内外螺纹的五要素必须一致。

8.1.3 螺纹的种类

国家标准对上述五项要素中的牙型、公称直径(大径)和螺距作了规定，按其三要素是否符合标准，可分为下列三类螺纹：

(1) 标准螺纹：牙型、公称直径、螺距三要素均符合标准的螺纹。

(2) 特殊螺纹：牙型符合标准，公称直径或螺距不符合标准的螺纹。

(3) 非标准螺纹：牙型不符合标准的螺纹，如方牙螺纹。

螺纹按用途不同，又可分为连接螺纹和传动螺纹两类。图 8-8 给出了常用螺纹的分类情况。

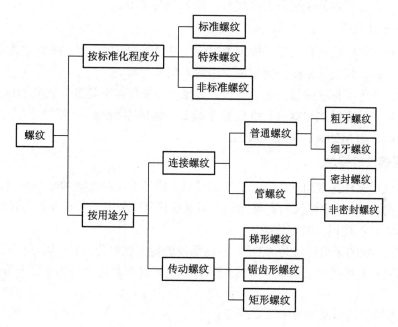

图 8-8 螺纹的分类

8.1.4 螺纹的规定标注

由于各种螺纹的画法一般相同，因此国家标准规定标准螺纹用规定的标记标注，以区别不同种类的螺纹。

1. 普通螺纹的标注

普通螺纹用得最广泛，在相同的直径条件下，螺距最大的普通螺纹称为粗牙普通螺纹，而其余螺距的普通螺纹称为细牙普通螺纹，它们的直径、螺距等相关参数可查附录附表 1。在标注细牙螺纹时，必须标注螺距。由于细牙螺纹的螺距比粗牙螺纹的螺距小，所以细牙螺纹多用于细小的精密零件和薄壁零件上。

普通螺纹的完整标记，由螺纹代号、螺纹公差带代号和螺纹旋合长度代号三部分组成。牙型角为 60°，有粗牙和细牙之分。

1) 螺纹代号

粗牙普通螺纹代号用"M"及"公称直径"表示。细牙普通螺纹的代号用符号"M"和"公称直径×螺距"表示，如 M24×1.5。螺纹为左旋时，在螺纹代号之后加注 LH，右旋不标，如 M24×1.5LH。

2) 螺纹公差带号

螺纹公差带代号包括中径公差带代号和顶径公差带代号。它由表示其大小的公差等级数字和表示其位置的基本偏差的字母(内螺纹用大写字母，外螺纹用小写字母)组成，例如6H、6g。如果中径公差带代号和顶径公差带代号不同，则分别注出代号，其中径公差带代号在前，顶径公差带代号在后，如 M10-5g6g；如果中径和顶径公差带相同，则只注一个代号，如 M10X1-6H。内、外螺纹旋合时，其配合公差带代号用斜线分开，左边表示内螺纹公差带代号，右边表示外螺纹公差带代号，例如 M10-6H/6g。

3) 旋合长度代号

国标对普通螺纹的旋合长度，规定为短(S)、中(N)、长(L)三组。螺纹的旋合长度不同，公差等级也不同。螺纹的精度分为精密、中等和粗糙三级。

在一般情况下不标注螺纹的旋合长度，其螺纹公差带按中等旋合长度(N)确定；必要时在螺纹公差带代号之后加注旋合长度代号 S 或 L，如 M10-5g6g-S；特殊需要时，可注明旋合长度的数值，如 M20×2-7g6g-40-LH。

2. 梯形螺纹的标注

梯形螺纹用来传递双向动力，如机床的丝杠。梯形螺纹的直径和螺距系列、基本尺寸，可查阅附录附表 2。梯形螺纹的完整标记，由螺纹代号、公差带代号及旋合长度代号组成，牙型角为 30°，不按粗、细牙分类。

(1) 梯形螺纹的牙型符号为"Tr"。左旋螺纹的旋向代号为 LH，需标注；右旋不标。单线螺纹的尺寸规格用"公称直径×螺距"表示，多线螺纹用"公称直径×导程(P 螺距)"表示。

(2) 梯形螺纹的公差带为中径公差带。

(3) 梯形螺纹的旋合长度分为中(N)和长(L)两组，精度规定中等、粗糙两种。用中(N)时，不标注代号"N"。例如 Tr32×12(P6)LH-7e-L 为梯形螺纹的完整标记。内、外螺纹旋合时，标记如 Tr40×7-7H/7e。

3. 锯齿形螺纹的标注

锯齿形螺纹用来传递单向动力，如千斤顶中的螺杆。锯齿形螺纹的标注的具体格式与梯形螺纹相同。其特征代号用"B"表示，除此项与梯形螺纹不同外，其余各项的含义与标注方法均同梯形螺纹。标记示例如下：

B40×7-7A：表示公称直径为 40、螺距为 7、中径公差带代号为 7A、中等旋合长度的右旋锯齿形内螺纹；

B40×7LH-7A-7c：表示公称直径为 40、螺距为 7、中径公差带代号为 7A、中等旋合长度的左旋锯齿形内螺纹；

B40×14(P7)-8c-L：表示公称直径为 40、导程为 14、螺距为 7、中径公差带代号为 8c、长旋合长度的右旋双线锯齿形外螺纹。

内外螺纹旋合时，其标记示例：B40×7-7A/7c。

4．管螺纹的标注

管螺纹是位于管壁上用于管子连接的螺纹，分 55° 密封管螺纹和 55° 非密封管螺纹。密封管螺纹一般用于密封性要求高一些的水管、油管、煤气管等和高压的管路系统中；非密封管一般用于低压管路连接的旋塞等管件附件中。

非密封管螺纹连接由圆柱外螺纹和圆柱内螺纹旋合获得，密封管螺纹连接则由圆锥外螺纹和圆锥内螺纹或圆柱内螺纹旋合获得。圆锥螺纹设计牙型的锥度为 1/16。管螺纹的尺寸代号表示管子的通径(英制)大小。管螺纹的设计牙型、尺寸代号及基本尺寸、标记示例可查阅附录附表 3。

非密封管螺纹的内、外螺纹的特征代号都是 G。密封管螺纹的特征代号分别是：与圆锥外螺纹旋合的圆柱内螺纹 R_p；与圆锥外螺纹旋合的圆锥内螺纹 R_c；与圆柱内螺纹旋合的圆锥外螺纹 R_1，与圆锥内螺纹旋合的圆锥外螺纹 R_2。

管螺纹的标记由特征代号、尺寸代号组成。螺纹右旋时，不标注旋向代号；螺纹左旋时应标注"LH"。由于 55° 非密封管螺纹的外螺纹分为 A、B 两个精度等级，所以标记时需在尺寸代号之后或尺寸代号与左旋代号之间，加注公差等级 A 或 B。内螺纹不标注公差等级代号。

内、外螺纹旋合在一起时，内、外螺纹的标记用斜线分开，左边表示内螺纹，右边表示外螺纹。

应注意管螺纹的尺寸代号并不是螺纹的大径，因而这类螺纹需用指示线自大径圆柱(或圆锥)母线上引出标注，而不能像标注一般线性尺寸那样引用箭头注写在大径尺寸线上。使用时，可根据尺寸代号查出螺纹的大径。例如尺寸代号为"1"时，螺纹的大径为 33.24 mm。

8.1.5　螺纹的规定画法

螺纹若真实投影作图，比较麻烦。为了简化作图，GB 4459.1—1995《机械制图 螺纹及螺纹紧固件表示法》规定了在机械图样中螺纹和螺纹紧固件的画法，按此画法作图并加以标注，就能清楚地表示螺纹的类型、规格和尺寸。

1．外螺纹的规定画法(如图 8-9、图 8-10 所示)

(1) 外螺纹不论其牙型如何，螺纹的牙顶用粗实线表示；牙底用细实线表示；螺杆的倒角或倒圆部分也应画出。画图时小径尺寸可近似地取 $d_1 \approx 0.85d$(对于尺寸较大的螺纹或细牙螺纹，为使作图比较准确，小径的尺寸可再取大些，使粗、细线适当靠近)。

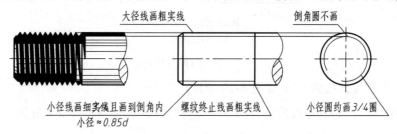

图 8-9　圆柱外螺纹的画法

(2) 完整螺纹的终止界线(简称螺纹终止线)在视图中用粗实线表示；在剖视图中则按图

8-10 主视图的画法绘制(即终止线只画螺纹牙型高度的一小段)，剖面线必须画到表示牙顶的粗实线为止。

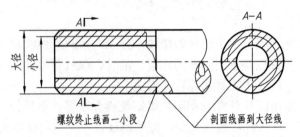

图 8-10　圆柱外螺纹的剖视画法

(3) 在投影为圆的视图中，牙顶画粗实线圆(大径圆)；表示牙底的细实线圆(小径圆)只画约 3/4 圈；此时表示倒角的圆省略不画。

2. 内螺纹的画法(如图 8-11、图 8-12 所示)

(1) 内螺纹不论其牙型如何，在剖视图中，螺纹的牙顶用粗实线表示，牙底用细实线表示，螺纹终止线用粗实线表示。剖面线应画到表示牙顶的粗实线为止。

(2) 在投影为圆的视图中，牙顶画粗实线圆(小径圆)，表示牙底的细实线圆(大径圆)只画约 3/4 圈，此时表示倒角的圆省略不画。

(3) 绘制不穿通的螺孔时，一般应将钻孔深度与螺纹部分的深度分别画出。

(4) 当螺纹为不可见时，其所有图线按虚线绘制。

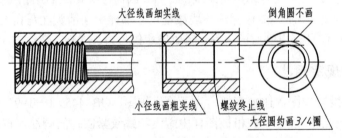

图 8-11　内螺纹的规定画法

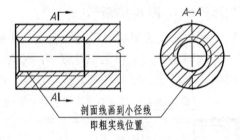

图 8-12　内螺纹的剖视画法

3. 内、外螺纹连接的画法(如图 8-13 所示)

在剖视图中，内、外螺纹的旋合部分应按外螺纹画法绘制，其余部分仍按各自的画法绘制。

画图时必须注意，表示外螺纹牙顶的粗实线、牙底的细实线，必须分别与表示内螺纹牙底的细实线、牙顶的粗实线对齐。按规定，当实心螺杆通过轴线剖切时按不剖处理，如图 8-13 所示。

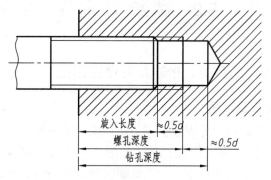

图 8-13　螺纹旋合的规定画法

4. 螺纹牙型表示法

螺纹牙型一般在图形中不表示，当需要表示或表示非标准螺纹(如方牙螺纹)时，可按图 8-14 的形式绘制，即可在剖视图中表示几个牙型，也可用局部放大图表示。

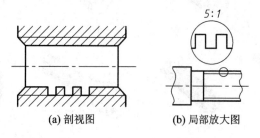

(a) 剖视图　　　　　　(b) 局部放大图

图 8-14　螺纹牙型的表示法

5. 其他的一些规定画法

刀具临近螺纹加工终止时要退离工件，出现吃刀深度渐浅的部分，称为螺纹收尾(简称螺尾)。画螺纹一般不表示螺尾。当需要表示时，螺纹尾部的牙底用与轴线成 30°的细实线表示，如图 8-15 所示。从图 8-15 中可以看出，螺纹终止线并不画在螺尾末端而是画在完整螺纹终止处。螺纹的长度是指完整螺纹的长度，也就是不包括螺尾在内的有效螺纹长度。

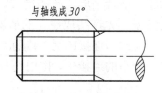

图 8-15　螺尾的画法

绘制不穿通的螺孔，一般应将钻孔深度和螺纹部分的深度分别画出，钻孔深度应比螺孔深度深，通常取 0.5D。由于钻头的刀锥角约等于 120°，因此，钻孔底部以下的圆锥坑的锥角应画成 120°。

无论外螺纹或内螺纹，在剖视图或断面图中的剖面线都必须画到粗实线处。

8.2 螺纹紧固件

8.2.1 常用螺纹紧固件的种类、用途及其规定标记

1. 螺纹紧固件的种类及用途

螺纹紧固件是运用一对内、外螺纹的连接作用来连接和紧固一些零部件。常用的螺纹紧固件有螺钉、螺栓、螺柱、螺母和垫圈等，如图 8-16 所示。螺纹紧固件的结构、尺寸都已标准化，并由有关专业工厂大量生产。根据螺纹紧固件的规定标记，就能在相应的标准中，查出有关尺寸。因此，对符合标准的螺纹紧固件，不需要再详细的画出它们的零件图。

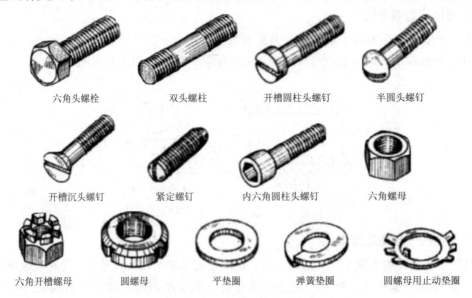

六角头螺栓	双头螺柱	开槽圆柱头螺钉	半圆头螺钉
开槽沉头螺钉	紧定螺钉	内六角圆柱头螺钉	六角螺母
六角开槽螺母	圆螺母	平垫圈	弹簧垫圈 圆螺母用止动垫圈

图 8-16 常用螺纹紧固件示例

螺栓、螺柱和螺钉都是在圆柱表面上制出螺纹，起到连接其他零件的作用，其公称长度取决于被连接零件的有关厚度。

螺栓一般用于被连接件不太厚，适合钻成通孔的情况。

螺柱用于被连接零件之一较厚或不允许钻成通孔的情况，两端都有螺纹。旋入被连接零件螺纹孔内的一端称为旋入端，与螺母连接的另一端称为紧固端。

螺钉则用于不经常拆卸或受力较小的连接中，按用途分为连接螺钉和紧定螺钉(起定位和固定作用)。

螺母是和螺栓或螺柱等一起进行连接的。

垫圈一般放在螺母下面，可避免旋紧螺母时损伤被连接零件的表面。弹簧垫圈可防止螺母松动脱落。

2. 螺纹紧固件的标记

GB/T 1237—2000 规定螺纹紧固件有完整标记和简化标记两种标记方法，其完整标记

一般按下列内容和顺序表示：

| 名称 | 标准编号 | — | 尺寸规格 | — | 产品型号 | — | 机械性能或材料 | — | 产品等级 | — | 表面处理 |

本书采用不同程度的简化标记，标记简化的原则：

(1) 采用现行标准规定的各螺纹紧固件时，国标中的年代号可以省略。

(2) 当性能等级或硬度是标准规定的常用等级时，允许省略，在其他情况下则应注明。

(3) 当写出了螺纹紧固件的国标号后，不仅可以省略年代号，还可省略螺纹紧固件的名称。

1) 螺栓

螺栓由头部及杆部两部分组成，头部形状以六角形的应用最广。决定螺栓的规格尺寸为螺纹公称直径 d 及螺栓长度 L，选定一种螺栓后，其他各部分尺寸可根据有关标准查得。

螺栓的标记形式：| 名称 | 标准代号 | 特征代号 | 公称直径 | × | 公称长度 |

例：螺栓 GB/T 5782—2000 M12 × 80，是指公称直径 $d = 12$，公称长度 $L = 80$(不包括头部)的螺栓。

2) 双头螺柱

双头螺柱的两头制有螺纹，一端旋入被连接件的预制螺孔中，称为旋入端；另一端与螺母旋合，紧固另一个被连接件，称为紧固端。双头螺柱的规格尺寸为螺柱直径 d 及紧固端长度 L，其他各部分尺寸可根据有关标准查得。

双头螺柱的标记形式：| 名称 | 标准代号 | 特征代号 | 公称直径 | × | 公称长度 |

例：螺柱 GB/T 898—1988 M10 × 50，是指公称直径 $d = 10$，公称长度 $L = 50$(不包括旋入端)的双头螺柱。

3) 螺母

螺母通常与螺栓或螺柱配合着使用，起连接作用，以六角螺母应用最广。螺母的规格尺寸为螺纹公称直径 D，选定一种螺母后，其各部分尺寸可根据有关标准查得。

螺母的标记形式：| 名称 | 标准代号 | 特征代号 | 公称直径 |

例：螺母 GB/T 6170—2000 M12，指螺纹规格 $D = \mathrm{M12}$ 的螺母。

4) 垫圈

垫圈通常垫在螺母和被连接件之间，目的是增加螺母与被连接零件之间的接触面，保护被连接件的表面不致因拧螺母而被刮伤。垫圈分为平垫圈和弹簧垫圈，弹簧垫圈还可以防止因振动而引起的螺母松动。选择垫圈的规格尺寸为螺栓直径 d，垫圈选定后，其各部分尺寸可根据有关标准查得。

平垫圈的标记形式：| 名称 | 标准代号 | 规格尺寸 | — | 性能等级 |

弹簧垫圈的标记形式：| 名称 | 标准代号 | 规格尺寸 |

例：垫圈 GB/T 97.1—1985 16—140HV，指规格尺寸 $d = 16$，性能等级为 140HV 的平垫圈。垫圈 GB/T 93—1987 20，指规格尺寸为 $d = 20$ 的弹簧垫圈。

5) 螺钉

螺钉按使用性质可分为连接螺钉和紧定螺钉两种，连接螺钉的一端为螺纹，另一端为头部。紧定螺钉主要用于防止两相配零件之间发生相对运动的场合。螺钉规格尺寸为螺钉直径 d 及长度 L，可根据需要从标准件中选用。

螺钉的标记形式：| 名称 || 标准代号 || 特征代号 || 公称直径 | × | 公称长度 |

例：螺钉 GB/T 65—2000 M10 × 40，是指公称直径 $d = 10$，公称长度 $L = 40$(不包括头部)的螺钉。

螺纹紧固件各部分尺寸见附录附表 5～附表 11。

8.2.2　单个螺纹紧固件的画法

由于螺纹紧固件在零件连接中被广泛应用，因此，必须熟练掌握其画法，绘制螺纹紧固件的方法按尺寸来源不同，分为查表画法和比例画法两种。

(1) 根据螺纹紧固件的标记，在相应的标准中查得各有关尺寸后，按照相应的步骤即可画出。所有螺纹紧固件都可用这种方法画出。

(2) 为提高画图速度，工程实践中常用比例画法，即将螺纹紧固件各部分的尺寸(公称长度除外)都与规格 d 或 D 建立一定的比例关系，并按此比例画图，螺纹紧固件的比例画法如图 8-17 所示。

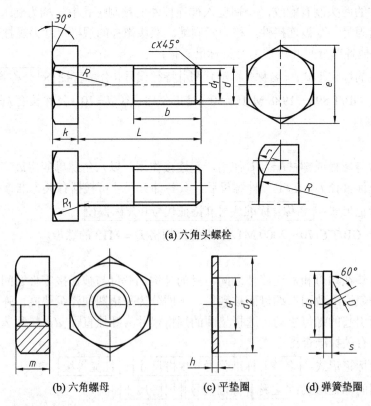

(a) 六角头螺栓

(b) 六角螺母　　　(c) 平垫圈　　　(d) 弹簧垫圈

图 8-17　螺纹紧固件的比例画法示例

螺栓：d、L(根据要求确定)，$d_1 \approx 0.85d$，$b \approx 2d$，$e = 2d$，$R_1 = d$，$R = 1.5d$，$k = 0.7d$，$c = 0.15d$。

螺母：D(根据要求确定)，$m = 0.8d$，其他尺寸与螺栓头部相同。

垫圈：$d_2 = 2.2d$，$d_1 = 1.1d$，$d_3 = 1.5d$，$h = 0.15d$，$s = 0.2d$，$n = 0.12d$。

8.2.3　螺纹紧固件的连接画法

由于螺纹紧固件是标准件，因此只需在装配图中画出连接图即可。画连接图时在保证投影正确的前提下，必须符合装配图的规定画法。螺栓、螺柱、螺钉连接的比例画法如图 8-18 所示。

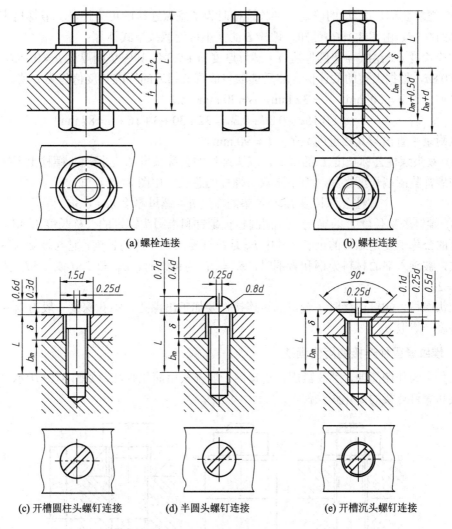

(a) 螺栓连接　　　　　　　　　　　　　　　　(b) 螺柱连接

(c) 开槽圆柱头螺钉连接　　　　(d) 半圆头螺钉连接　　　　(e) 开槽沉头螺钉连接

图 8-18　螺纹连接件的比例画法

1. 规定画法

(1) 两零件接触面处画一条粗实线，非接触面处画两条粗实线。

(2) 当剖切平面通过实心零件或标准件(如螺栓、螺柱、螺钉、螺母、垫圈、挡圈等)的轴线，这些零件可按不剖绘制，仍画外形。必要时，可采用局部剖视。

(3) 在剖视图中，两零件相邻接时，不同零件的剖面线方向应相反，或者方向一致而间隔不等，而同一零件在各剖视图中，剖面线的方向和间隔应相同。

(4) 被连接件上加工的光孔直径稍大于螺纹紧固件公称直径，取 $1.1d$。

(5) 螺柱连接旋入端的螺纹终止线应与被连接的两零件的接合面平齐,表示旋入端已经拧紧。

(6) 螺钉连接的螺纹终止线不与接合面平齐,要高于被连接两零件的接触面处,且具有沟槽的螺钉头部,在主视图中放正,在俯视图中规定画成 45° 倾斜。

2. 螺纹紧固件公称长度

(1) 螺栓公称长度 L 的确定。螺栓连接时为了确保连接的可靠性,一般螺栓末端要伸出螺母约 $0.3d$。由图 8-18(a)可知,螺栓 L 的大小可近似按下式计算:

螺栓长度 $L \geqslant t_1 + t_2 +$ 垫圈厚度 $h +$ 螺母厚度 $m + 0.3d$,其中垫圈厚度 $h = 0.15d$,螺母厚度 $m = 0.8d$,根据上式的估计值,然后选取与估算值相近的标准长度值作为 L 值。

例如,设 $d = 20\,\text{mm}$,$t_1 = 32\,\text{mm}$,$t_2 = 30\,\text{mm}$,则

$$L \geqslant t_1 + t_2 + 0.15d + 0.8d + 0.3d = 32 + 30 + 3 + 16 + 6 = 87\,\text{mm}$$

从附录中查出与其相近的数值:$L = 90\,\text{mm}$。

(2) 双头螺柱公称长度 L 的确定。双头螺柱的公称长度 L 是指双头螺柱上无螺纹部分长度与螺柱紧固端长度之和,而不是双头螺柱的总长。由图 8-18 可知:

$$\text{螺柱公称长度 } L \geqslant \delta + \text{垫圈厚度 } h + \text{螺母厚度 } m + 0.3d$$

(3) 螺钉公称长度 L 的确定。开槽圆柱头螺钉和半圆头螺钉的公称长度 $L \geqslant \delta + b_m$,沉头螺钉的公称长度是螺钉的全长。其中 b_m 是螺钉旋入螺纹孔的长度,它与被旋入零件的材料有关,被旋入端的材料为钢和青铜时,$b_m = d$;为铸铁时,$b_m = 1.25d$ 或 $1.5d$;为铝时,取 $b_m = 2d$。

双头螺柱、螺钉连接时,较厚的被连接件要加工出螺孔,螺孔深度一般为 $b_m + 0.5d$,钻孔深度一般取 $b_m + d$。

3. 螺纹紧固件连接的简化画法

工程中为作图简便,螺纹紧固件连接图一般都采用简化画法,如图 8-19 所示分别为螺栓连接和螺钉连接的简化画法。

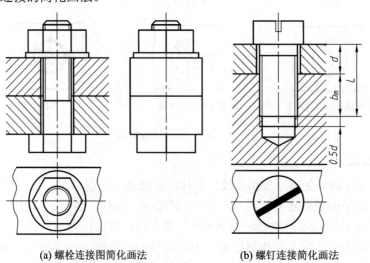

(a) 螺栓连接图简化画法   (b) 螺钉连接简化画法

图 8-19 螺纹紧固件连接图的简化画法

8.2.4　螺纹的测绘

根据实物，对其上的螺纹结构要素进行测量，以确定螺纹的牙型、规格尺寸等基本要素并绘制该部分图形的过程，称为螺纹测绘。螺纹测绘的一般步骤如下：

(1) 确定螺纹的线数和旋向。

(2) 确定牙型和螺纹。传动螺纹的牙型，一般可直观确定；连接螺纹的牙型和螺距，可用螺纹规(60°、55°)测量：选择其中能与被测螺纹相吻合的一片，由此确定该螺纹具有与吻合片相同的牙型，该片上的数值，即为所测螺纹的螺距，如图 8-20 所示。螺距也可用直尺测得：用直尺量出 n 个螺距的长度 L，则螺距 $P = L/n$。图 8-20 中所示的螺距 $P = L/n = 6/4 = 1.5$。

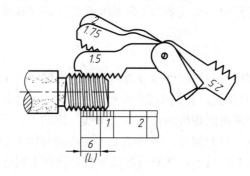

图 8-20　螺纹测量示意图

(3) 确定大径和螺纹长度(或深度)。外螺纹的大径和螺纹长度可用游标卡尺直接测得。内螺纹的大径一般可通过与之相配的外螺纹测得，或测出内螺纹小径查表确定其大径尺寸。内螺纹深度可用游标卡尺测深杆或深度卡尺测量。

(4) 查对标准，确定螺纹标记并作图。根据测得的牙型、螺距和大径，查对相应的螺纹标准，确定螺纹标记，画出图形并进行标注。

8.3　键连接和销连接

8.3.1　键连接

1. 键连接的作用和种类

键主要用于连接轴和轴上的传动件(如带轮、齿轮等)，使轴和传动件一起转动以传递扭矩。

如图 8-21 所示，将键嵌入轴上的键槽中，再将带有键槽的齿轮装在轴上。当轴转动时，因为键的存在，齿轮就与轴同步转动，达到传递动力的目的。

键的种类很多，常用的有普通平键、半圆键和钩头楔键三种，如图 8-22 所示。

图 8-21　键连接

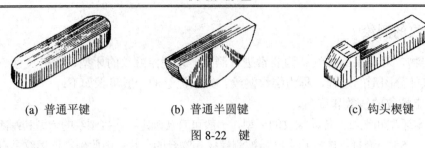

|(a) 普通平键|(b) 普通半圆键|(c) 钩头楔键|

图 8-22　键

2. 键的画法和标记

键的大小由被连接的轴、孔所传递的扭矩大小决定。附录附表 12 给出了常用的普通平键及键槽尺寸，可按轴径查阅；有关半圆键和钩头楔键的国家标准、尺寸、标记和应用，可参阅相关书籍。

1) 普通型平键

普通平键根据其头部结构的不同可以分为圆头普通平键(A 型)、平头普通平键(B 型)和单圆头普通平键(C 型)三种型式，如图 8-23 所示。用于轴、孔连接时，键的两侧面是工作面，与轴、轮毂上的键槽两侧面相接触，应画一条线；键的上、下底面为非工作面，上底面与轮毂槽顶面之间留有一定的间隙，画两条线，下底面与轴上键槽的底面接触，应画一条线。在反映键长方向的剖视图中，轴采用局部剖视，键按不剖处理，如图 8-24 所示。

|(a) A 型|(b) B 型|(c) C 型|

图 8-23　普通型平键

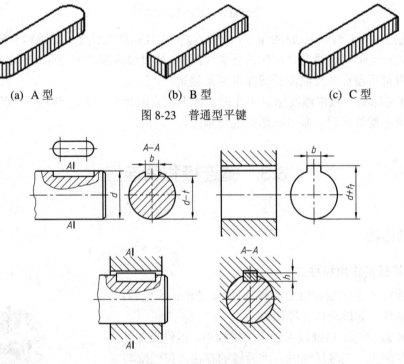

图 8-24　普通平键连接

普通平键的标记格式和内容为 　键　 型式代号 　宽度　 × 长度 　标准代号

其中在标记时，A 型平键省略 A 字，而 B 型、C 型应写出 B 或 C 字。例如：宽度 $b =$ 18 mm，高度 $h = 11$ mm，长度 $L = 100$ mm 的圆头普通平键(A 型)，其标记是：键 18 × 100

GB/T 1096—1997；宽度 b = 18 mm，高度 h = 11 mm，长度 L = 100 mm 的平头普通平键(B型)，其标记是：键 B18 × 100 GB/T 1096—1997；宽度 b = 18 mm，高度 h = 11 mm，长度 L = 100 mm 的单圆头普通平键(C 型)，其标记是：键 C18 × 100 GB/T 1096—1997

2) 普通型半圆键

普通型半圆键常用在载荷不大的传动轴上，连接情况、画图要求与普通型平键相类似，键的两侧和键底应与轴和轮毂的键槽表面接触，顶面应有空隙，如图 8-25 所示。

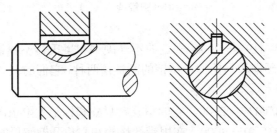

图 8-25　普通半圆键连接

普通型半圆键的标记，如普通型半圆键宽度 b = 6 mm，高度 h = 10 mm，直径 D = 25 mm，其标记为

$$键 6 × 10 × 25 \ GB/T \ 1099.1$$

3) 楔键

楔键有普通型楔键和钩头型楔键两种。普通型楔键有 A 型(圆头)、B 型(方头)和 C 型(单圆头)三种。楔键顶面的斜度为 1∶100，装配时打入键槽，键的顶面和底面为工作面，其与轴和轮毂都接触，画图时上下接触面均应画一条线，如图 8-26 所示。

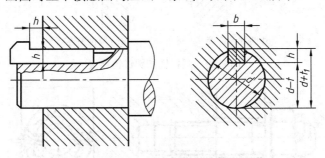

图 8-26　钩头型楔键连接

普通型楔键的标记，如 C 型(单圆头)普通型楔键，宽带 b = 16 mm，高度 h = 10 mm，长度 L = 100 mm，其标记为

$$键 C16 × 100 \ GB/T \ 1564$$

标注时，A 型的 A 字省略不标，而 B 型和 C 型要在尺寸前标注。

钩头型楔键的标记，如钩头型楔键，宽带 b = 18 mm，高度 h = 11 mm，长度 L = 100 mm，其标记为

$$键 18 × 100 \ GB/T \ 1565$$

8.3.2　销连接

销也是标准件，通常用于零件间的连接和定位，也可用于轴与轮毂的连接，传递不大

的载荷，还可作为安全装置中的过载剪断元件。常用的销有圆柱销、圆锥销和开口销等，如图 8-27 所示。

(a) 圆柱销   (b) 圆锥销   (c) 开口销

图 8-27   销

    圆柱销有由 GB/T 119.1—2000 规定的不淬硬钢和奥氏体不锈钢的圆柱销和由 GB/T 119.2—2000 规定的淬硬钢和马氏体不锈钢的圆柱销两种，它们的型式与尺寸和标记可查阅附录附表 13。

    圆锥销可查阅 GB/T 117—2000，它的型式、尺寸和标记见附录附表 14。

    开口销可查阅 GB/T 91—2000，在用带孔螺栓和六角开槽螺母时，将它穿过螺母的槽口和螺栓的孔，并在销的尾部叉开，使螺母与螺栓防止松脱。

    销连接的画法如图 8-28 和图 8-29 所示。

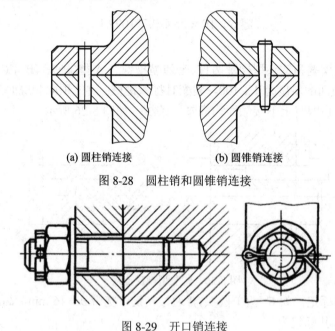

(a) 圆柱销连接   (b) 圆锥销连接

图 8-28   圆柱销和圆锥销连接

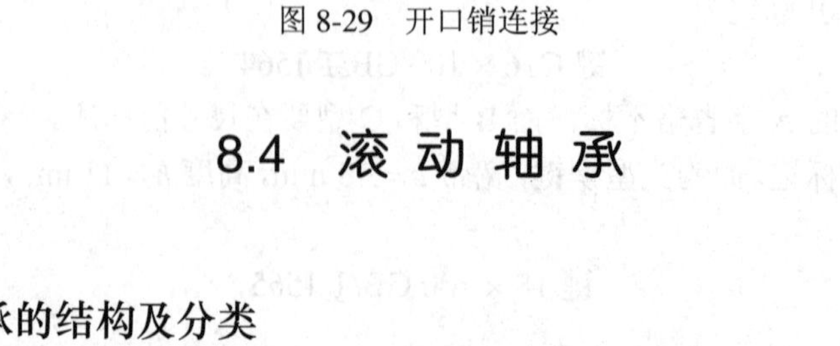

图 8-29   开口销连接

8.4   滚 动 轴 承

8.4.1   滚动轴承的结构及分类

    滚动轴承是用来支承转轴的组件，具有结构紧凑，摩擦阻力小的特点，因此在工业中应用十分广泛。滚动轴承也是标准件，其型式和尺寸可查阅附录附表 15。

滚动轴承的类型很多,但结构大体相同,一般由外圈(座圈)、内圈(轴圈)、滚动体和保持架四部分组成,如图 8-30 所示。外圈装在机体或轴承座内,一般固定不动;内圈装在轴上,与轴紧密配合且随轴转动;滚动体装在内外圈之间的滚道中,有滚珠、滚柱、滚锥等类型;保持架用来均匀分隔滚动体,防止滚动体之间相互摩擦与碰撞。

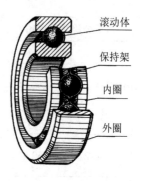

滚动体
保持架
内圈
外圈

图 8-30　滚动轴承结构

滚动轴承按承受载荷的方向可分为以下三种类型:

向心轴承:主要承受径向载荷,常用的有深沟球轴承。

推力轴承:只承受轴向载荷,常用的有推力球轴承。

向心推力轴承:同时承受轴向和径向载荷,常用的有圆锥滚子轴承。

8.4.2　滚动轴承的代号

滚动轴承的代号一般打印在轴承的端面上,由基本代号、前置代号和后置代号三部分组成,排列顺序如下:

| 前置代号 | 基本代号 | 后置代号 |

1. 基本代号

基本代号表示滚动轴承的基本类型、结构及尺寸,是滚动轴承代号的基础。基本代号由轴承类型代号、尺寸系列代号和内径代号构成(滚针轴承除外),其排列顺序如下:

| 类型代号 | 尺寸系列代号 | 内径代号 |

1) 类型代号

轴承类型代号用阿拉伯数字或大写拉丁字母表示,如表 8-1 所示。

表 8-1　轴承类型代号

代号	轴承类型	代号	轴承类型	代号	轴承类型
0	双列角接触轴承	4	双列深沟球轴承	8	推力圆柱滚子轴承
1	调心球轴承	5	推力球轴承	N	圆柱滚子轴承
2	调心滚子轴承	6	深沟球轴承	U	外球面球轴承
3	圆锥滚子轴承	7	角接触轴承	QJ	四点接触球轴承

2) 尺寸系列代号

尺寸系列代号由滚动轴承的宽(高)度系列代号和直径系列代号组合而成,用两位数字表示。主要用来区别内径相同而宽(高)度和外径不同的轴承,如表 8-2 所示。

表 8-2　深沟球轴承的部分尺寸系列代号

17	37	18	19	(1)0	(0)2	(0)3	(0)4

注:表中括号内的数字在轴承代号中省略。

3) 内径代号

内径代号表示轴承的公称内径,如表 8-3 所示。

表 8-3　部分轴承公称内径代号

轴承公称内径/mm		内径代号	示　例
10 到 17	10	00	深沟球轴承 6200 $d = \phi 10\,\text{mm}$
	12	01	
	15	02	
	17	03	
20 到 480(22、28、32 除外)		公称直径除以 5 的商数,当商数为个位数时,需在商数左边加 "0",如 08	深沟球轴承 6208 $d = \phi 40\,\text{mm}$
22、28、32		用公称内径毫米数直接表示,但在与尺寸系列代号之间用 "/" 分开	深沟球轴承 62/22 $d = \phi 22\,\text{mm}$

2. 前置代号和后置代号

前置代号和后置代号是轴承在结构形状、尺寸、公差、技术要求等有改变时,在其基本代号左、右添加的补充代号。具体情况可查阅有关手册。

轴承代号标记示例:

6208:第一位数 6 表示类型代号,为深沟球轴承;第二位数 2 表示尺寸系列代号,宽度系列代号 0 省略,直径系列代号为 2;后两位数 08 表示内径代号,$d = 8 \times 5 = 40\,\text{mm}$。

N2110:第一个字母 N 表示类型代号,为圆柱滚子轴承;第二、三两位数 21 表示尺寸系列代号,宽度系列代号为 2,直径系列代号为 1;后两位数 10 表示内径代号,内径 $d = 10 \times 5 = 50\,\text{mm}$。

8.4.3　滚动轴承的画法

滚动轴承是标准部件,不必画出它的零件图。在装配图中根据给定的轴承代号,从轴承标准中查出外径 D、内径 d,宽度 $B(T)$ 3 个主要尺寸,采用三种画法(通用画法、规定画法、特征画法)中的一种画出。

对于这三种画法,国家标准《机械制图　滚动轴承表示法》(GB/T 4459.7—1998)作了如下规定:

(1) 通用画法、特征画法、规定画法中的各种符号、矩形线框和轮廓线均用粗实线绘制。

(2) 绘制滚动轴承时,其矩形线框和外框轮廓的大小应与滚动轴承的外形尺寸(由手册中查出)一致,并与所属图样采用同一比例。

(3) 在剖视图中,用通用画法和特征画法绘制滚动轴承时,一律不画剖面符号(剖面线)。采用规定画法绘制时,轴承的滚动体不画剖面线,其各套圈可画成方向和间隔相同的剖面线。

1. 通用画法

当不需要确切表示轴承的外形轮廓、载荷特性、结构特征时,可用矩形线框及位于线框中央正立的、不与矩形线框接触的十字形符号表示,如图 8-31(a)所示。滚动轴承与轴装配在一起时,在轴的两侧以同样方式画出,如图 8-31(b)所示。

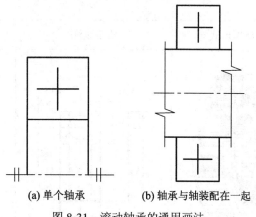

(a) 单个轴承　　　　　　(b) 轴承与轴装配在一起

图 8-31　滚动轴承的通用画法

2. 特征画法

在剖视图中，如果需要比较形象地表示滚动轴承的结构特征时，可采用在矩形线框内画出其结构要素符号的方法表示。特征画法的矩形线框、结构要素符号均用粗实线绘制。常用滚动轴承的特征画法的尺寸比例示例如表 8-4 所示。

3. 规定画法

采用规定画法绘制滚动轴承的剖视图时，轴承的滚动体不画剖面线，其各套圈等可画成方向和间隔相同的剖面线，滚动轴承的保持架及倒角等可省略不画。规定画法一般绘制在轴的一侧，另一侧按通用画法绘制。规定画法中各种符号、矩形线框和轮廓线均用粗实线绘制。

表 8-4　常用滚动轴承的规定画法和特征画法

轴承名称及代号	结构形式	规定画法	特征画法
深沟球轴承 GB/T 276—1994 类型代号 6 主要参数 D、d、B			
圆锥滚子轴承 GB/T 297—1994 类型代号 3 主要参数 D、d、B			

轴承名称及代号	结构形式	规定画法	特征画法
推力球轴承 GB/T 301—1994 类型代号 5 主要参数 D、d、B			

8.5　齿　轮

8.5.1　齿轮的作用及分类

　　齿轮是广泛应用于机器或部件中的传动零件，用以传递动力和运动，并具有改变转速和转向的作用。依据两啮合齿轮轴线在空间的相对位置不同，常见的齿轮传动可分为三种形式，圆柱齿轮通常用于两平行轴之间的传动；圆锥齿轮用于两相交轴之间的传动；蜗杆蜗轮转动则用于两交叉轴之间的传动，如图 8-32 所示。

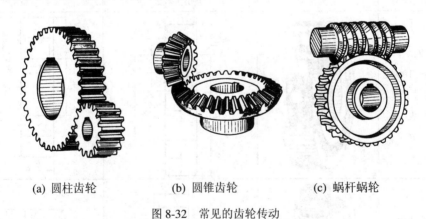

(a) 圆柱齿轮　　　　　　(b) 圆锥齿轮　　　　　　(c) 蜗杆蜗轮

图 8-32　常见的齿轮传动

8.5.2　齿轮的基本参数和基本尺寸间的关系

1. 直齿轮

　　直齿圆柱齿轮简称直齿轮，图 8-33 所示为互相啮合的两个齿轮的一部分，从中可以看出直齿轮各部分的几何要素。

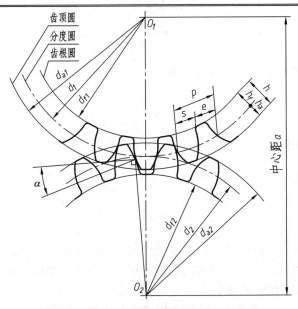

图 8-33　啮合圆柱齿轮示意图

1) 直齿轮各部分的名称及代号

(1) 齿顶圆。在圆柱齿轮上，其齿顶圆柱面与端平面的交线，称为齿顶圆，其直径用 d_a 表示。

(2) 齿根圆。在圆柱齿轮上，其齿根圆柱面与端平面的交线，称为齿根圆，其直径用 d_f 表示。

(3) 分度圆。在圆柱齿轮的分度曲面与端平面的交线，称为分度圆，其直径用 d 表示。它是加工齿轮时，作为齿轮轮齿分度的圆，在该圆上齿厚 s 与槽宽 e 相等。

(4) 齿顶高。齿顶圆与分度圆之间的径向距离，称为齿顶高，用 h_a 表示。

(5) 齿根高。齿根圆与分度圆之间的径向距离，称为齿根高，用 h_f 表示。

(6) 齿高。齿顶圆与齿根圆之间的径向距离，称为齿高，用 h 表示。

(7) 齿距。在齿轮上，两个相邻而同侧的端面齿廓之间的分度圆弧长，称为齿距，用 p 表示。

(8) 齿厚。在分度圆上，一个齿的两侧对应齿廓之间的弧长，称为齿厚，用 s 表示。

(9) 槽宽。在分度圆上，一个齿槽的两侧相应齿廓之间的弧长，称为槽宽，用 e 表示。

(10) 压力角 α。相互啮合的一对齿轮，其受力方向(齿廓曲线的公法线方向)与运动方向之间所夹的锐角，称为压力角。同一齿廓的不同点上的压力角是不同的，在分度圆上的压力角，称为标准压力角。国家标准规定，标准压力角为 $20°$。

(11) 中心距 a。两啮合齿轮轴线之间的距离。

2) 直齿圆柱齿轮的基本参数与各部分的尺寸关系

如以 z 表示齿轮的齿数，则齿轮分度圆的周长为

$$\pi d = zp \tag{8-1}$$

因此，分度圆直径

$$d = \frac{p}{\pi} \cdot z \tag{8-2}$$

式中，$\dfrac{p}{\pi}$ 称为齿轮的模数，以 m 表示，即

$$m = \frac{p}{\pi} \tag{8-3}$$

由式(8-2)、(8-3)得出

$$d = m \cdot z \tag{8-4}$$

即

$$m = \frac{d}{z} \tag{8-5}$$

由式(8-3)可以看出，模数愈大，轮齿就愈大；模数愈小，轮齿就愈小。互相啮合的两齿轮，其齿距 p 应相等，因此它们的模数亦应相等。为了减少加工齿轮刀具的数量，国家标准对齿轮的模数作了统一的规定，如表 8-5 所示。

表 8-5　标准模数(GB/T 1357—1987)

第一系列	0.1, 0.12, 0.15, 0.2, 0.25, 0.3, 0.4, 0.5, 0.6, 0.8, 1, 1.25, 1.5, 2, 2.5, 3, 4, 5, 6, 8, 10, 12, 16, 20, 25, 32, 40, 50
第二系列	0.35, 0.7, 0.9, 1.75, 2.25, 2.75, (3.25), 3.5, 4.5, 5.5, (6.5), 7, 9, (11), 14, 18, 22, 28, 36, 45

注：1. 在选用模数时，应优先采用第一系列，括号内的模数尽可能不用。

2. GB/T 12368—1990 规定锥齿轮模数除表中数值外，还有 1.125，1.375，30。

齿轮的模数 m 确定后，按照与 m 的关系可算出轮齿部分的各基本尺寸。标准直齿轮各基本尺寸的计算公式，如表 8-6 所示。

表 8-6　标准直齿轮各基本尺寸的计算公式

基本参数：模数 m 和齿数 z			
序　号	名　称	代　号	计算公式
1	齿距	p	$p = \pi m$
2	齿顶高	h_a	$h_a = m$
3	齿根高	h_f	$h_f = 1.25m$
4	齿高	h	$h = 2.25m$
5	分度圆直径	d	$d = mz$
6	齿顶圆直径	d_a	$d_a = m(z + 2)$
7	齿根圆直径	d_f	$d_f = m(z - 2.5)$
8	中心距	a	$a = m(z_1 + z_2)/2$

2．斜齿轮

斜齿圆柱齿轮简称斜齿轮。相啮合的一对斜齿轮，其轴线仍保持平行，图 8-34(a)所示是把直齿轮在垂直于轴线方向切成五片并互相错开一个角度，变成一个五阶梯齿轮。如果假想把直齿轮切成很薄的无穷多片，相互错开后成为一个斜齿轮，如图 8-34(b)所示。轮齿

在分度圆柱面上与分度圆柱轴线的倾角称为螺旋角，以 β 表示。因此，斜齿轮有法向齿距 p_n 和端面齿距 p_t，法向模数 m_n 和端面模数 m_t 之分，如图 8-35 所示。

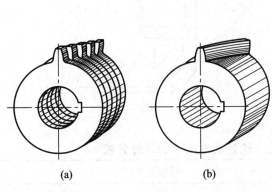

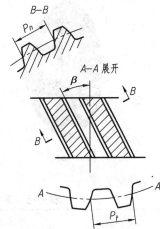

图 8-34 斜齿轮　　　　　　　　图 8-35 斜齿轮在分度圆柱面上的展开图

加工斜齿轮的刀具，其轴线是与轮齿的法线方向一致，为了和加工直齿轮的刀具通用，将斜齿轮法向模数取为标准模数。其齿高也由法向模数确定。

斜齿轮啮合的运动分析是在平行于端面的平面内进行的。所以，分度圆直径由端面模数 m_t 确定。标准斜齿轮各基本尺寸的计算公式，如表 8-7 所示。

表 8-7 标准斜齿轮各基本尺寸的计算公式

基本参数：法向模数 m　齿数 z　螺旋角 β			
序 号	名 称	代 号	计算公式
1	法向齿距	P_n	$P_n = \pi m_n$
2	齿顶高	h_a	$h_a = m_n$
3	齿根高	h_f	$h_f = 1.25 m_n$
4	齿高	h	$h = 2.25 m_n$
5	分度圆直径	d	$d = m_n z / \cos\beta$
6	齿顶圆直径	d_a	$d_a = d + 2 m_n$
7	齿根圆直径	d_f	$d_f = d - 2.5 m_n$
8	中心距	a	$a = m_n(z_1 + z_2)/(2\cos\beta)$

3. 圆锥齿轮

圆锥齿轮的轮齿加工在圆锥面上，因而一端大，一端小，如图 8-36(a)所示。为了计算和制造方便，规定根据大端模数($m = d/z$)来计算和决定其他各基本尺寸。以大端为准，在圆锥齿轮上，有关的名称和术语有齿顶圆锥面(顶锥)、齿根圆锥面(根锥)、分度圆锥面(分锥)、背锥面(背锥)、前锥面(前锥)、分度圆锥角 δ、齿高 h、齿顶高 h_a 及齿根高 h_f 等，如图 8-36(b)所示。

标准直齿锥齿轮各基本尺寸的计算公式，如表 8-8 所示。

(a)

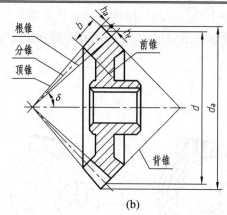

(b)

图 8-36　圆锥齿轮

表 8-8　标准直齿锥齿轮各基本尺寸的计算公式

基本参数：法向模数 m　齿数 z　螺旋角 β			
序号	名　称	代　号	计算公式
1	分度圆锥角	δ	当 $\delta_1 + \delta_2 = 90°$ 时，$\delta_1 = 90° - \delta_2$
2	齿顶高	h_a	$h_a = m$
3	齿根高	h_f	$h_f = 1.2m$
4	齿高	h	$h = 2.2m$
5	分度圆直径	d	$d = mz$
6	齿顶圆直径	d_a	$d_a = m(z + 2\cos\delta)$
7	齿根圆直径	d_f	$d_f = m(z - 2.4\cos\delta)$
8	外锥距	R	$a = mz/(2\sin\delta)$

4. 蜗杆蜗轮

蜗杆涡轮是用来传递空间交叉两轴间的回转运动。蜗杆蜗轮的传动比通常可达到 $40\sim$ 50，而一般圆柱齿轮或圆锥齿轮的传动比在 $1\sim10$ 范围内，因此，传动比愈大，齿轮所占得空间相对增大。但蜗杆蜗轮没有这个缺点，因而被广泛应用于传动比较大的机械传动中。蜗杆蜗轮传动的缺点是摩擦大、发热多、效率低。

蜗杆的模数系列与齿轮的模数系列有所不同，如表 8-9 所示。

表 8-9　蜗杆模数(GB 10088—88)

第一系列	1, 1.25, 1.6, 2, 2.5, 3.15, 4, 5, 6.3, 8, 10, 12.5, 16, 20, 25, 31.5, 40
第二系列	1.5, 3, 3.5, 4.5, 5.5, 6, 7, 12, 14

注：优先选用第一系列。

在用蜗轮滚刀加工蜗轮时，滚刀的分度圆直径等参数必须与工作蜗杆的分度圆直径等参数相同。对于同一模数，蜗杆可有不同的直径，因此就需要配备很多滚刀。为了减少蜗轮滚刀的数量，在 GB 10085—88 中规定了蜗杆分度圆直径与模数的匹配系列值，并将蜗杆分度圆直径与模数的比值称为蜗杆的直径系数，用 q 表示。表 8-10 列出了模数与蜗杆分度圆直径匹配的标准系列值。

表 8-10　蜗杆分度圆直径 d_1 与其模数 m 的匹配标准系列(摘自 GB 10085—88)

m	1	1.25	1.6	2	2.5	3.15	4	5	6.3	8	10
d_1	18	20 28	20 28	(18) 22.4 (28) 35.5	(22.4) 28 (35.5) 45	(28) 35.5 (45) 56	(31.5) 40 (50) 71	(40) 50 (63) 90	(50) 63 (80) 112	(63) 80 (100) 140	(71) 90 (112) 160

注：括号内的数字尽可能不用。

蜗杆蜗轮传动的基本尺寸与直齿轮相似，为便于设计计算，表 8-11 列出了标准阿基米德蜗杆传动的几何尺寸计算公式。

表 8-11　标准阿基米德蜗杆传动的几何尺寸计算公式

名　称	符号	蜗　杆	蜗　轮
齿顶高系数	h_a^*	\$h_a^* = 1\$	
顶隙系数	c^*	\$c^* = 0.2\$	
齿顶高	h_a	\$h_{a1} = h_{a2} = h_a^* m\$	
齿根高	h_f	\$h_{f1} = h_{f2} = (h_a^* + c^*)m\$	
分度圆直径	d	$d_1 = mq$	$d_2 = mz_2$
齿顶圆直径	d_a	$d_{a1} = d_1 + 2h_{a1}$	$d_{a2} = d_2 + 2h_{a2}$
齿根圆直径	d_f	$d_{f1} = d_1 + 2h_{f1}$	$d_{f2} = d_2 + 2h_{f2}$
蜗杆导程角	γ_1	$\tan\gamma_1 = l / \pi d_1$	
螺旋角	β		$\beta_2 = \gamma_1$
标准中心距	A	\$a = (d_1 + d_2)/2 = m(q + z_2)/2\$	

8.5.3　齿轮的规定画法

1. 圆柱齿轮的画法

单个齿轮一般用两个视图表示。国家标准规定齿顶圆(线)用粗实线绘制，分度圆(线)用细点画线表示，齿根圆(线)用细实线绘制(也可以省略不画)。在剖视图中，齿根线用粗实线绘制，并不能省略。当剖切平面通过齿轮轴线时，轮齿一律按不剖绘制。单个齿轮的画法如图 8-37 所示。

两个相啮合的圆柱齿轮，一般可以采用两个视图表达，在端面视图中，啮合区内的齿顶圆均用粗实线绘制，分度圆相切，如图 8-38(b)所示。有时也可省略，如图 8-38(d)所示。在径向视图中，

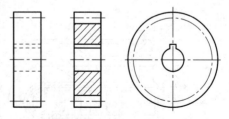

图 8-37　圆柱齿轮的画法

啮合区的齿顶线不需画出，分度线用粗实线绘制，如图 8-38(c)所示。采用剖视图表达时，在啮合区内将一个齿轮的齿顶线用粗实线绘制，另一个齿轮的轮齿被遮挡，其齿顶线用虚线绘制，如图 8-38(a)、图 8-39 所示。

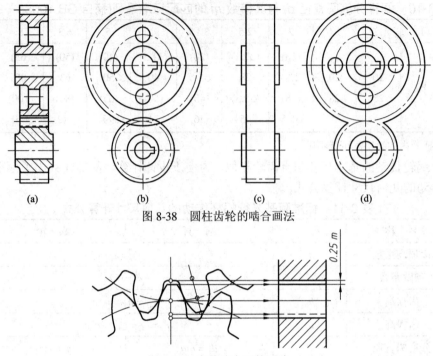

(a)　　　　　　　　(b)　　　　　　　　(c)　　　　　　　　(d)

图 8-38　圆柱齿轮的啮合画法

图 8-39　齿轮啮合区的画法

2. 圆锥齿轮的画法

直齿锥齿轮画图步骤如图 8-40 所示。

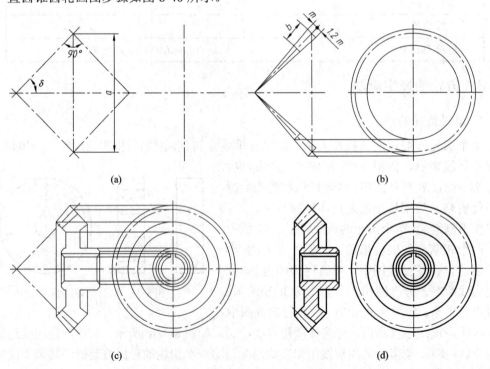

(a)　　　　　　　　　　　　　　　　　　　(b)

(c)　　　　　　　　　　　　　　　　　　　(d)

图 8-40　单个锥齿轮的画图步骤

如图 8-40(d)所示，锥齿轮的主视图常作剖视。在左视图中用粗实线表示锥齿轮的大端及小端的齿顶圆，用细点画线表示大端的分度圆。若齿轮为人字形或圆弧形时，可将主视图画成半剖视，并用三条平行的细实线表示齿轮的方向。图 8-41 给出了啮合的锥齿轮的画法。

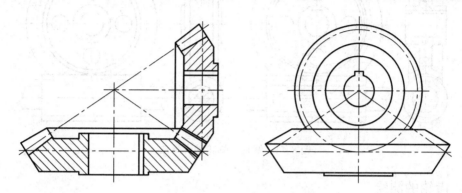

图 8-41 啮合锥齿轮的画法

3. 蜗杆蜗轮的画法

蜗杆形状与梯形螺杆相似，轴向剖面齿形为梯形，顶角为 40°，一般用一个视图表达。其齿顶线、分度线、齿根线画法与直齿轮相同，牙型可用局部剖视或局部放大图画出。具体画法如图 8-42 所示。

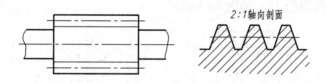

图 8-42 蜗杆的规定画法

蜗轮的画法与直齿轮基本相同，如图 8-43 所示。在端面视图中，轮齿部分只需画出分度圆和齿顶圆，其他圆可省略不画，其他结构形状按投影关系绘制。

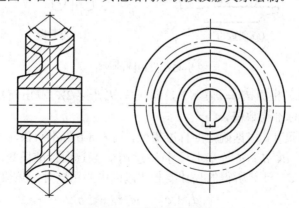

图 8-43 蜗轮的规定画法

蜗杆、蜗轮的啮合画法，如图 8-44 所示。在主视图中，蜗轮被蜗杆遮住的部分不必画出。在左视图中蜗轮的分度圆与蜗杆的分度线应相切。

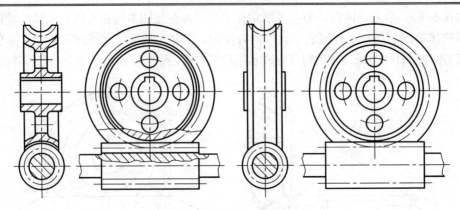

图 8-44　蜗杆、蜗轮啮合画法

8.5.4　齿轮的测绘

　　根据齿轮实物,通过测量、计算确定其主要参数和各基本尺寸并测量其余各部分尺寸,然后绘制齿轮零件图的过程,称为齿轮测绘。齿轮测绘除轮齿部分外,其余部分与一般轮盘类零件的测绘方法相同,而轮齿部分主要在于确定齿数 z 和模数 m 这两个基本参数。直齿圆柱齿轮测绘的一般步骤如下:

　　(1) 确定齿数 z。数出被测齿轮的齿数。

　　(2) 测量齿顶圆直径 d_a'。如图 8-45 所示。

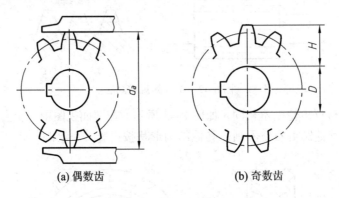

(a) 偶数齿　　　　　　　　(b) 奇数齿

图 8-45　齿顶圆的测量

　　(3) 确定模数 m。根据 $d_a' = m(z + 2)$,即 $m = d_a'/(z + 2)$,算出模数 m,并对照模数表 8-5 选取与其相近的标准模数值。

　　(4) 计算各基本尺寸。根据确定的标准模数,用表 8-6 标准直齿轮各基本尺寸的计算公式计算出 h_a、h_f、h、d、d_a、d_f 等基本尺寸(注意 d_a',当选取标准模数后,应重新核算 d_a)。

　　(5) 校对中心距 a。计算所得的尺寸要与实测的中心距核对,必须符合下式:

$$a = \frac{d_1 + d_2}{2} = \frac{m(z_1 + z_2)}{2}$$

　　(6) 测量齿轮其他各部分尺寸。

　　(7) 绘制直齿圆柱齿轮零件图。

8.6　弹　　簧

8.6.1　弹簧的类型及功用

弹簧是利用材料的弹性和结构特点，通过变形和存储能量工作的一种机械，主要用于减震、夹紧、储存能量和测力等方面。弹簧的种类很多，使用较多的是圆柱螺旋弹簧，圆柱螺旋弹簧根据受力方向不同，分为压缩弹簧、拉伸弹簧、扭力弹簧三种，如图 8-46 所示。本节以圆柱螺旋弹簧为例，介绍弹簧的基本知识。

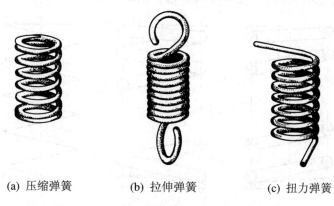

(a) 压缩弹簧　　　　　　(b) 拉伸弹簧　　　　　　(c) 扭力弹簧

图 8-46　圆柱螺旋弹簧

8.6.2　圆柱螺旋压缩弹簧各部分的名称及尺寸关系

(1) 线径 d：缠绕弹簧所用的金属丝直径。

(2) 弹簧外径 D：弹簧的外圈直径，即弹簧的最大直径。

(3) 弹簧内径 D_1：弹簧的内圈直径，即弹簧的最小直径，$D_1 = D - 2d$。

(4) 弹簧中径 D_2：弹簧轴剖面内簧丝中心所在柱面的直径，既弹簧内径和外径的平均值，$D_2 = (D + D_1) / 2 = D_1 + d = D - d$。

(5) 有效圈数 n：保持相等节距且受力变形参与工作的圈数，它是计算弹簧受力的主要依据。

(6) 支承圈数 n_2：为了使弹簧工作平衡，端面受力均匀，制造时将弹簧两端的 3/4 至 5/4 圈并紧且磨平(锻平)。这些圈主要起支承和定位作用，所以称为支承圈。支承圈数 n_2 表示两端支承圈数的总和，一般有 1.5、2、2.5 圈三种。

(7) 总圈数 n_1：有效圈数和支承圈数的总和，即 $n_1 = n + n_2$。

(8) 节距 t：除两端的支承圈外，相邻两有效圈截面中心线的轴向距离。

(9) 自由高度(长度)H_0：弹簧无负荷作用时的高度(长度)，$H_0 = nt + (n_2 - 0.5)d$。

(10) 弹簧丝展开长度 L：缠绕弹簧时所需的金属丝长度，$L \approx n_1 \sqrt{(\pi D_2)^2 + t^2}$。

(11) 旋向：与螺旋线的旋向意义相同，分为左旋和右旋两种。

8.6.3 圆柱螺旋压缩弹簧的规定画法、标记和工作图

1. 圆柱螺旋压缩弹簧的规定画法

国家标准 GB/T 4459.4—2003 对弹簧的画法作了如下规定：

(1) 在平行于螺旋弹簧轴线的投影面的视图中，其各圈的轮廓应画成直线。

(2) 有效圈数在 4 圈以上时，可以每端只画出 1～2 圈(支承圈除外)，其余省略不画。

(3) 螺旋弹簧均可画成右旋，但左旋弹簧不论画成左旋或右旋，均需注明"LH"。

(4) 螺旋压缩弹簧如要求两端并紧且磨平(锻平)时，不论支承圈是多少均可按支承圈 2.5 圈绘制，必要时也可按支承圈的实际结构绘制。

弹簧的表示方法有剖视、视图和示意画法，如图 8-47 所示。

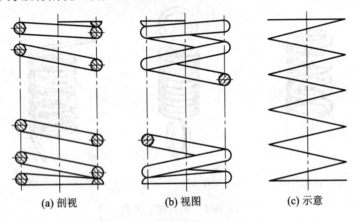

(a) 剖视   (b) 视图   (c) 示意

图 8-47 圆柱螺旋压缩弹簧的画法

圆柱螺旋压缩弹簧的画图步骤如表 8-12 所示。

表 8-12 圆柱螺旋压缩弹簧的画图步骤

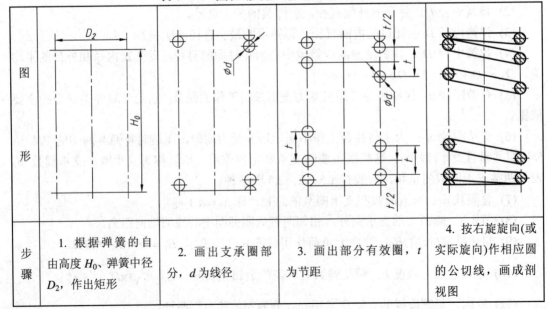

图形	步骤
	1. 根据弹簧的自由高度 H_0、弹簧中径 D_2，作出矩形
	2. 画出支承圈部分，d 为线径
	3. 画出部分有效圈，t 为节距
	4. 按右旋旋向(或实际旋向)作相应圆的公切线，画成剖视图

2. 圆柱螺旋压缩弹簧的标记

圆柱螺旋压缩弹簧标记的组成，规定如下：

| 名称代号 | 型式代号 | $d \times D_2 \times H_0$ | 精度代号 | 转向代号 | 标准代号 |

| 材料牌号 | － | 表面处理 |

国家标准规定圆柱螺旋压缩弹簧的名称代号为 Y，弹簧在端圈型式上分为 A 型(两端圈并紧磨平)和 B 型(两端圈并紧锻平)，它的制造精度分为 2、3 级，3 级精度的右旋弹簧使用最多，精度代号 3 和右旋代号可省略，左旋弹簧的旋向代号需标注"LH"。制造弹簧时，在线径≤10 mm 时采用冷卷工艺，一般使用 C 级碳素弹簧钢丝为弹簧材料；在线径＞10 mm 时采用热卷工艺，一般使用 60Si2MnA 为弹簧材料。使用上述材料时可不标注，弹簧标记中的表面处理一般也不标注。

例：YB 型弹簧，线径ϕ30 mm，弹簧中径ϕ150 mm，自由高度 300 mm，制造精度等级为 3 级，材料为 60Si2MnA，表面涂漆处理的右旋弹簧。标记为：YB30 × 150 × 300 GB/T 2089 —1994。

3. 圆柱螺旋压缩弹簧的工作图

在装配图中，弹簧被看做实心物体，因此，被弹簧挡住的结构一般不画出。可见部分应画至弹簧的外轮廓或弹簧的中径处，如图 8-48(a)、(b)所示。当簧丝直径在图形上小于或等于 2 mm 并被剖切时，其剖面可以涂黑表示，如图 8-48(b)所示。也可采用示意画法，如图 8-48(c)所示。

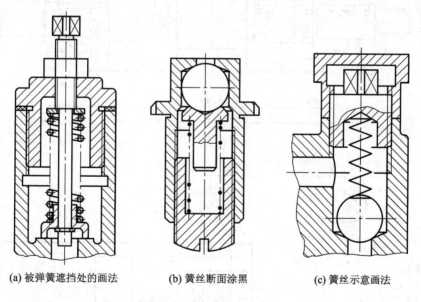

(a) 被弹簧遮挡处的画法　　　　(b) 簧丝断面涂黑　　　　(c) 簧丝示意画法

图 8-48　装配图中弹簧的画法

第9章 零件图

机器和部件都是由零件组成的，用来制造和检验机器零件的图样，称为零件图。零件图是生产机器、设备的主要技术文件。在生产过程中首先根据零件的材料和数量进行备料，再按图纸表达的形状、尺寸、技术要求进行加工，最后按图纸要求进行检验。图 9-1 所示为转轴的零件图样。

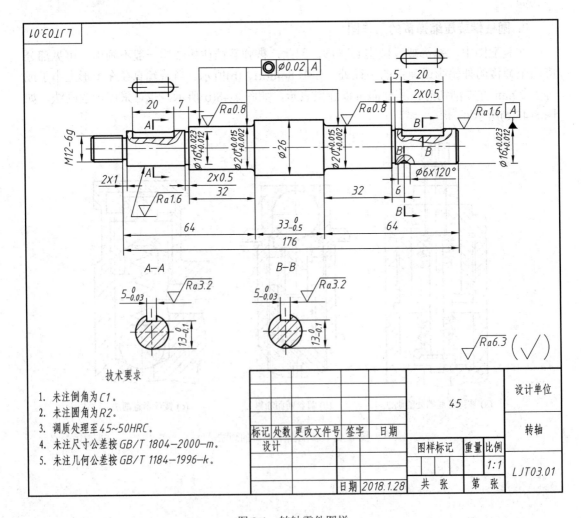

图 9-1　转轴零件图样

9.1 零件图的内容

由图 9-1 可知,一张完整的零件图应具备下列基本内容:

(1) 一组图形。根据零件的结构特点,选用适当的剖视图、断面图、局部放大图和简化画法等表达方法,用一组视图来表达零件的内外形状和结构。

(2) 完整的尺寸。零件图中必须正确、完整、清晰、合理地标注出零件各部分结构的形状大小及其相对位置的尺寸,且宜于制造和检验零件。

(3) 技术要求。用规定的符号、代号和文字说明等注写出制造和检验零件时在技术指标上应达到的要求,如表面结构、极限与配合、形状和位置公差、热处理及表面处理要求。

(4) 标题栏。标题栏位于零件图的右下角,用于填写零件的名称、材料、数量、绘图比例、图号以及设计、审核等人员的姓名、出图日期等相关内容。

9.2 零件图的视图选择

9.2.1 视图选择的原则

零件图的视图选择过程包括零件结构的形体分析、主视图的选择、其他视图的选择等几个步骤。选择视图的原则是:在完整、清晰地表达零件内、外形状和结构的前提下,尽可能减少图形数量,以方便画图和读图。

机械零件的结构是由其在机器中的作用和其他零件的装配关系及工艺要求等因素决定的。零件的结构形状及其工作位置或加工时安装位置不同,视图选择方法也将不同。因此,在零件图视图选择之前,应对零件进行形体分析和结构分析,明确结构特征,了解其工作和加工情况,以便选择合适的视图确切地表达零件的结构形状。

9.2.2 主视图的选择

主视图是表达零件结构形状的一组图形中的核心视图,一般情况下画图、读图也通常先从主视图开始,主视图选择得是否合理,直接影响到其他视图的选择以及读图的方便和图幅的利用。选择主视图时,应根据以下两个原则。

1. 安放位置

主视图应符合零件的加工位置或工作位置。零件图是用来加工制造零件的,主视图所表达的零件位置,最好和零件的加工位置一致,这样在生产中便于看图,例如轴类、盘盖类零件,一般以加工位置来选取主视图,如图 9-2 所示。但有些零件加工比较复杂,例如支架类、箱体类零件,需要在各种不同的机床上加工,而加工时的装夹位置又不同,这时,主视图应按工作位置选取,图 9-3 所示的吊钩和前拖钩就是按零件工作位置选取主视图的。

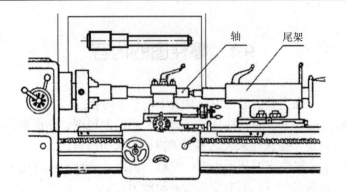

图 9-2　零件的加工位置

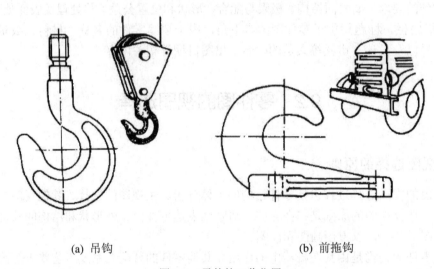

(a) 吊钩　　　　　　　　　　　　　　(b) 前拖钩

图 9-3　零件的工作位置

2. 投影方向

选择能够清楚地表达零件形状特征的方向作为主视图的投影方向，图 9-4 所示的是一尾架体，从 A、B、C 三个方向作为投影方向，画出了三个视图，对这三个视图进行比较，以 A 向为投影方向画出的视图最能反映零件的形状特征，所以以 A 向作主视图方向较好。

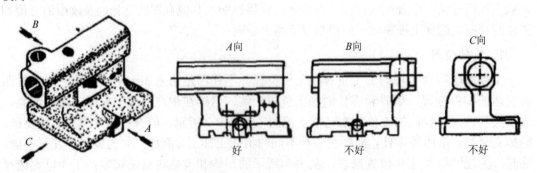

图 9-4　主视图投影方向的选择

9.2.3 其他视图的选择

主视图确定后，应根据零件结构形状的复杂性，主视图已表达的程度，确定是否需要或需要多少个其他视图(包括采用的表达方法)。其选择原则是：配合主视图，在完整、清晰地表达出零件结构形状的前提下，尽可能减少视图的数量。所以，选择其他视图时应注意以下几点：

(1) 所选的每个视图都应有明确的表达目的和重点。对零件的内、外形状、主体和局部形状的表达，每个视图都应各有侧重。

(2) 针对零件的内部结构选择适当的剖视图和断面图，并明确剖视图和断面图的意义，使其发挥最大的作用。

(3) 对尚未表达清楚的局部形状和细小结构，补充必要的局部视图和局部放大图。

9.3 几种典型零件的视图

9.3.1 轴套类零件

在机器中，轴类零件一般起支承传动件和传递动力的作用，套类零件一般起支承、轴向定位、联接或传动作用。图 9-5(a)、(b)分别为阀轮轴的立体图和零件图，通过分析阀轮轴，可以了解轴套类零件的结构和表达方案。

1. 结构特点

轴套类零件大多数是由同轴回转体组成的，且轴向尺寸远大于径向尺寸，其上沿轴线方向通常设有轴肩、倒角、螺纹、退刀槽、砂轮越程槽、键槽、销孔、凹坑、中心孔等结构。图 9-5 所示的阀轮轴上由右向左依次设有螺纹、退刀槽、键槽、凹坑、砂轮越程槽和轴肩。

2. 表达方法

(1) 由于轴套类零件主要在车床或磨床上加工，为了加工时读图方便，此类零件的主视图应选择其加工位置，即轴线应水平放置。

(2) 轴类零件一般为实心件，因此主视图一般选用视图表达其外形而不选全剖视图；套类零件是中空件，主视图一般选全剖视图。当零件上有键槽、凹坑、凹槽时，轴类零件的主视图可根据情况选择局部剖视图。如图 9-5(b)中的主视图上选择了两处局部剖，分别表达键槽和凹坑。

(3) 轴套类零件一般不画俯视图和投影为圆的左视图。

(4) 当零件上的局部结构需要进一步表达时，可以围绕主视图根据需要绘制一些局部视图、断面图和局部放大图来表达尚未表达清楚的结构。如图 9-5(b)中的主视图上选择了两处局部放大图、一处断面图和一处局部视图，分别表达砂轮越程槽、螺纹退刀槽和键槽的结构。

(a) 立体图

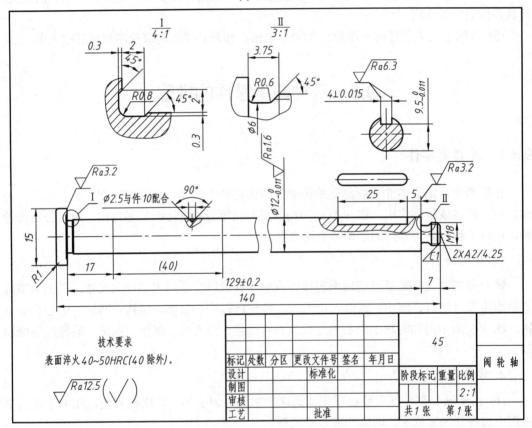

(b) 零件图

图 9-5　阀轮轴

9.3.2　轮盘盖类零件

　　轮盘盖类零件一般包括手轮、带轮、法兰盘、端盖等。轮盘类零件在机器中一般通过键、销与轴连接，主要起传递扭矩的作用。盖类零件一般通过螺纹连接件与箱体连接，主要起支承、轴向定位及密封作用。图 9-6(a)、(b)分别是手轮的立体图和零件图，图 9-7(a)、(b)分别是法兰盘的立体图和零件图。通过分析手轮和法兰盘的零件图，可以了解轮盘类零件的结构和表达方法。

1. 结构特点

轮类零件一般由轮毂、轮辐和轮圈组成，轮毂上一般有键槽，轮辐有板式、肋板式等多种形式，如图9-6所示。

(a) 立体图

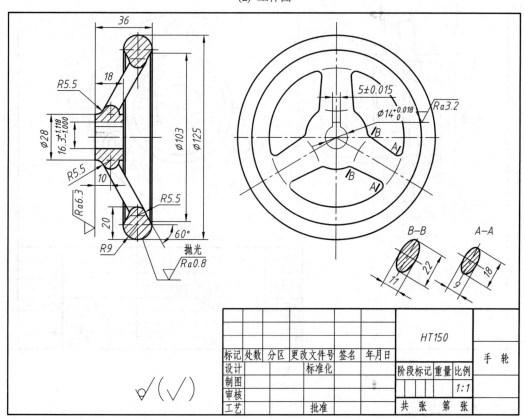

(b) 零件图

图 9-6　手轮

盘类零件与轴套类零件的结构相似，一般也是由同轴回转体组成的，有时也有部分结构是方形或环形，与轴类零件不同的是其轴向尺寸一般小于径向尺寸。盘类零件的中心处常有阶梯孔，周围有均布的孔、槽等。如图 9-7(a)、(b)中，法兰盘的中心有带退刀槽的阶梯孔，周围有 3 个均布的螺钉孔。

(a) 立体图

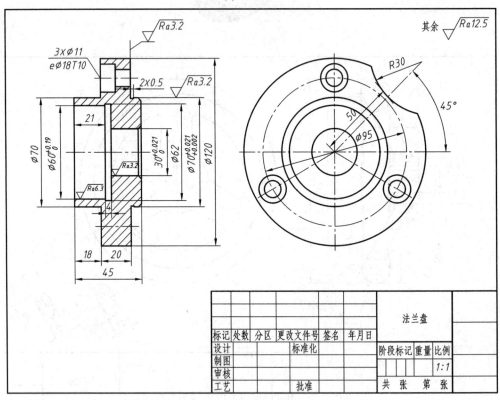

(b) 零件图

图 9-7 法兰盘

2. 表达方法

(1) 由于轮盘盖类零件主要在车床或磨床上加工，为了加工时读图方便，此类零件的主视图一般选择其加工位置，即轴线应水平放置。

(2) 轮盘盖类零件一般为中空件，因此主视图一般选全剖或半剖视图表达。如图 9-6 和图 9-7 中的主视图均选择全剖视图。

(3) 轮盘盖类零件一般不画俯视图，但必须绘制视图为圆的左视图，用以表达零件上孔、槽等结构的分布情况。如图 9-6(b)中，左视图表达了均布的轮辐及其形状。图 9-7(b) 中，左视图表达了孔的分布情况和缺槽的位置和形状。

(4) 当零件上的某些局部结构或某些不平行于基本投影面的结构需要进一步表达时，可采用局部视图、局部剖视图、斜视图、断面图来表达尚未表达清楚的结构。如图 9-6(b) 中右下角采用两处移出断面图，用于表达轮辐的截面渐变情况。

9.3.3 叉架类零件

叉架类零件多为铸件或锻件，一般还需再进行机械加工，包括拨叉、连杆、支座、支架等。其中，拨叉和连杆主要用于操纵机构，起操纵或调速作用；支架和支座主要起支承和连接作用。图 9-8 为支架的立体图和零件图，通过分析支架的立体图和零件图，可以了解叉架类零件的结构特点和表达方法。

(a) 立体图

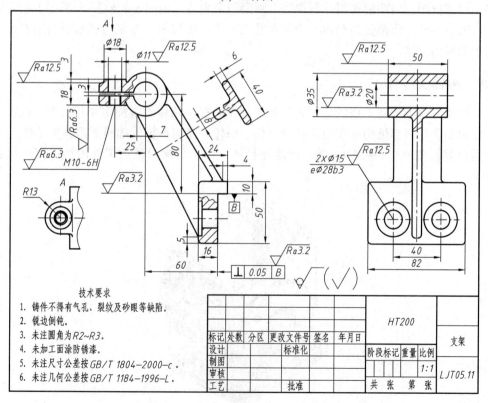

(b) 零件图

图 9-8 支架

1. 结构特点

叉架类零件的结构形状一般比较复杂，但大体可分为三部分，即支承部分、连接部分和工作部分。连接部分通常是倾斜或弯曲的、断面有规律变化的肋板结构，用以连接零件的工作部分与支承部分。支承部分和工作部分上常有圆孔、螺孔、沉孔、油槽、油孔、凸台、凹坑等。

如图 9-8 所示的支架零件图，下部为支承部分，其上有两个安装沉孔；上部为工作部分，中间有圆孔，左面有夹紧螺孔；中间是连接部分，其断面为渐变的肋板。

2. 表达方法

(1) 由于叉架类零件的加工方法和加工位置不止一个，因此主视图的投射方向应主要考虑零件的工作位置和形状特征。如图 9-8(b)中主视图的形状特征最明显。

(2) 叉架类零件一般两端有内部结构，中间是实心肋板，因此主视图一般选择局部剖视图表达其两端的内部结构。如图 9-8(b)中的主视图选择了两处局部剖，分别表达上面夹紧螺孔和下面的安装孔。

(3) 叉架类零件的结构比较复杂，一般除主视图外，还需要选择 1 到 2 个基本视图来表达零件的其他主体结构。如图 9-8(b)中左视图下部表达了安装板的形状和安装孔的位置，上部采用局部剖表达了工作部分的内部圆柱孔。

(4) 当零件上的某些局部结构或某些不平行于基本投影面的结构需要进一步表达时，可采用局部视图、局部剖视图、斜视图、断面图来表达。如图 9-8(b)左下角采用 A 向局部视图，表达零件工作部分的凸台及夹紧螺孔的结构，主视图右方采用移出断面图表达了倾斜肋板的断面形状。

9.3.4　箱体类零件

箱体类零件多为铸造成的毛坯再经机械加工而成。箱体类零件主要起支承、包容、保护、定位和密封内部机构等作用。各种泵体、阀体、减速器箱体都属于箱体类零件。

通过分析图 9-9～图 9-13 所示减速器箱体，可以了解箱体类零件的结构特点和表达方法。

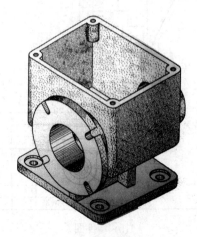

图 9-9　减速器箱体

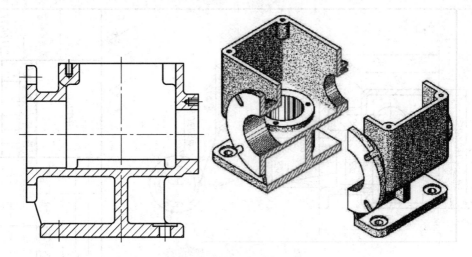

图 9-10　减速器箱体主视图

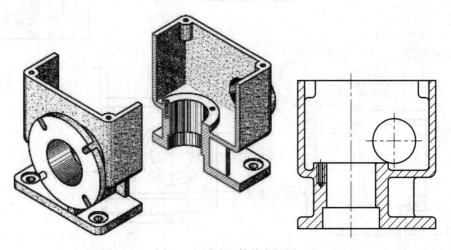

图 9-11　减速器箱体左视图

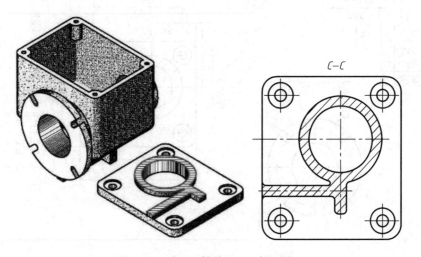

图 9-12　减速器箱体 *C—C* 剖视图

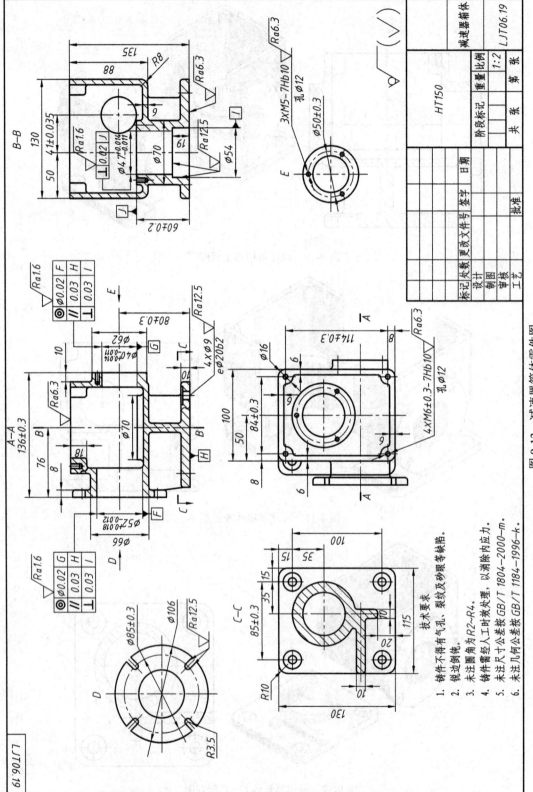

技术要求
1. 铸件不得有气孔、裂纹及砂眼等缺陷。
2. 锐边倒钝。
3. 未注圆角为R2~R4。
4. 铸件需人工时效处理，以消除内应力。
5. 未注尺寸公差按GB/T 1804—2000—m。
6. 未注几何公差按GB/T 1184—1996—k。

图 9-13 减速器箱体零件图

1. 结构特点

箱体类零件的内腔和外形结构都比较复杂，它们通常有一个用于安装的底板。底板上通常有安装孔，安装孔处有凸台或凹坑；底板下一般有槽，可以减少接触面积和加工面积。

底板上方一般设有一个薄壁空腔，用以容纳运动零件和储存润滑油。箱壁四周根据传动需要，加工多个用以支承和安装传动件的带圆柱孔的凸台，凸台上有时根据安装需要加工有螺纹孔，凸台下方用多个肋板起到辅助支撑的作用。箱壁上方在需要安装箱盖处加工有凸台，凸台上有安装孔，便于安装箱盖。

如图 9-10 所示的减速器箱体，其结构比较复杂，基础形体由底板、箱壳、"T"字形肋板、互相垂直的蜗杆轴孔(水平方向)和蜗轮轴孔(垂直方向)组成。蜗轮轴孔在底板和箱壳之间，其轴线与蜗杆轴孔的轴线垂直异面，"T"字形肋板将底板、箱壳和蜗轮轴孔连接成一个整体。

2．表达方法

(1) 箱体类零件的结构比较复杂，加工位置不止一个，因此一般按工作位置摆放，并选择形体特征最明显的方向作为主视图的投射方向。

(2) 箱体类零件一般为中空件，因此主视图选择全剖视图表达。如图 9-10 中的主视图选择了全剖，主要表达蜗杆轴孔、箱壳和肋板的形状及位置关系，且左上方和右下方各采用了一处局部剖，用于表达螺纹孔和安装孔。

(3) 箱体类零件结构复杂，一般除主视图外，还需要采用多个视图，且各视图之间应保持直接的投影关系，从而明确地表达零件的主体结构。

如图 9-11 所示，左视图(即 *B—B* 视图)采用全剖视图，主要表达蜗轮轴孔、箱壳的形状和位置关系；俯视图绘制成视图，主要表达箱壳和底板、蜗轮轴孔和蜗杆轴孔的位置关系。此外，采用 *C—C* 剖视图表达底板形状和肋板的断面形状。对于结构复杂的箱体类零件，沿同一投射方向绘制一个视图和一个剖视图，是其常用的表达方法。

(4) 当零件上的某些局部结构需要进一步表达时，可采用局部视图、局部剖视图、断面图等来表达尚未表达清楚的结构。如图 9-13 中的 *D* 和 *E* 两个局部视图，分别表达两个凸台的形状。

9.4　零件图的尺寸标注

制造机器的零件时，是根据零件图上的尺寸进行加工的，零件图上的尺寸标注是绘制零件图的重要内容。在零件图上标注尺寸，要做到完整、清晰、合理。合理是指标注的尺寸能满足设计和工艺要求，符合零件在工作时的使用要求，便于零件的加工、测量和检验。零件图尺寸标注的要点如下。

9.4.1　尺寸基准的选择

在零件图上标注尺寸时，在长、宽、高三个方向的尺寸起点称为尺寸基准，常用作基准的有点、直线、平面等几何要素。

正确地选择基准，应考虑零件在机器中的作用以及零件的加工、测量方法等因素才能确定，根据基准的作用，基准可分为设计基准和工艺基准两类。

1. 设计基准

根据设计要求，用以确定零件在机器中的位置的基准称设计基准。常见的设计基准有零件上主要回转结构的轴线，零件的对称中心面，零件的重要支承面、装配面及两零件间的重要结合面，零件的主要加工面。

2. 工艺基准

零件在加工制造、测量和检验等过程中要求选定的一些点、线、面称工艺基准。

如图 9-14 所示，齿轮轴安装在箱体中，根据轴线和右轴肩确定齿轮轴在机器中的位置，因此该轴线和右轴肩端面分别为齿轮轴径向和轴向的设计基准。加工过程中大部分工序是以轴线和左右端面分别作为径向和轴向基准的，因此该零件的轴线和左右端面为工艺基准。

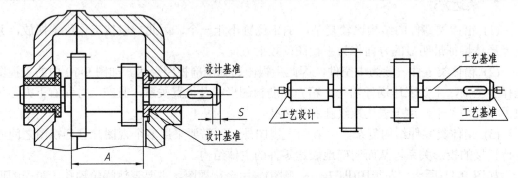

图 9-14　设计基准和工艺基准

每个零件都有长、宽、高三个方向的尺寸，每个尺寸都有基准。因此，每个方向至少有一个尺寸基准。同方向上可以有多个尺寸基准，但其中必定有一个是主要的，称为主要基准，其余的称为辅助基准。辅助基准与主要基准之间应有联系尺寸相关联。

从设计基准出发标注尺寸，能反映设计要求，保证零件在机器中的工作性能；从工艺基准出发标注尺寸，能把尺寸标注与零件加工制造联系起来，保证工艺要求，方便加工和测量。因此标注尺寸时应尽可能将设计基准和工艺基准统一起来。

主要基准应与设计基准和工艺基准重合。工艺基准与设计基准重合，这一原则称为"基准重合原则"。符合"基准重合原则"既能满足设计要求，又能满足工艺要求。一般情况下，工艺基准与设计基准是可以做到统一的，当两者不能做到统一时，要按照设计要求标注尺寸，在满足设计要求的前提下，力求满足工艺要求。

9.4.2　标注尺寸应注意的几个问题

1. 功能尺寸要直接标注

零件上凡是影响产品性能、工作精度和互换性的尺寸都是功能尺寸。零件上的功能尺寸必须直接注出，以保证设计精度要求。如反映零件所属机器(或部件)规格性能的尺寸、零件间的配合尺寸、有装配要求的尺寸以及保证机器(或部件)正确安装的尺寸等，都应直接注出。

2．不应注成封闭的尺寸链

封闭的尺寸链指首尾相接，形成一个封闭圈的一组尺寸。图 9-15 中链状尺寸形式已注出尺寸 *A*、*C*，如果再注出 *B*，这三个尺寸就构成封闭尺寸链。每个尺寸为尺寸链中的组成环。根据尺寸标注形式对尺寸误差的分析，尺寸链中任一环的尺寸误差，都等于其他各环尺寸误差之和。因此，标注成封闭尺寸链，要同时满足各组成环的尺寸精度是不可能的。

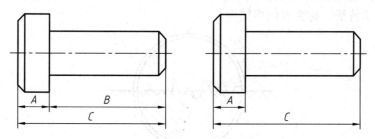

图 9-15　避免封闭的尺寸链

3．要考虑测量的方便与可能

在零件图上进行尺寸标注时，不但要考虑设计要求，还要考虑加工和测量的方便性。如图 9-16(a)套筒中的尺寸 *A* 不便于测量，应按图 9-16(b)所示标注尺寸。

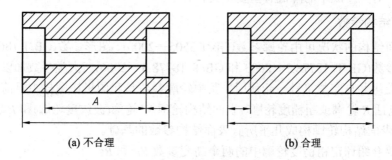

(a) 不合理　　　　　　　　　　　　　(b) 合理

图 9-16　按测量的方便和可能标注尺寸

9.5　零件图上的技术要求

在零件图上有图形和尺寸，还必须注有制造该零件所应达到的质量指标及规定的工艺手段，一般称为零件的技术要求。零件图上的技术要求包括的内容有以下几点：

(1) 零件的材料及毛坯要求；

(2) 零件各表面粗糙度的要求；

(3) 零件的尺寸公差要求；

(4) 零件的形状和位置公差要求；

(5) 零件的表面热处理、涂镀、修饰、覆盖、喷漆等要求；

(6) 零件的检测、验收、包装以及特殊护理等要求。

以上内容有的要按规定符号或代号标注在图形上，有的用文字写在图纸上。

9.5.1　表面粗糙度

1．表面粗糙度的概念

零件表面加工以后，看起来很光滑，但在显微镜下观察，呈高低不平的峰谷。如图 9-17 所示，就是零件表面的微观几何形状误差。零件加工表面上所存在的较小间距和峰谷形成的微观几何形状特征，称为表面粗糙度。

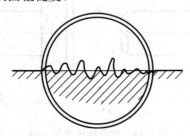

图 9-17　表面粗糙度

表面粗糙度是衡量零件表面质量的重要指标之一，它对零件的耐磨性、抗腐蚀性、零件之间的配合和外观质量等都有影响。因此，根据零件各个表面的作用不同，恰当地选用表面粗糙度，对生产成本的降低有重要意义。

2．表面结构参数

零件表面结构的状况可由轮廓参数(GB/T 3505—2000)、图形参数(GB/T 18618—2002)、支承率曲线参数(GB/T 18778.2—2003 和 GB/T 18778.3—2006)三大类参数加以评定，结构参数已经标准化并与完整符号一起使用。其中轮廓参数是我国机械图样中目前最常用的评定参数，它包括 R 轮廓或粗糙度轮廓、表面结构轮廓 W 轮廓(波纹度轮廓)和 P 轮廓(原始轮廓)，这三个表面结构轮廓构成几乎所有表面结构参数的基础。

本书主要介绍评定粗糙度轮廓中的两个高度参数 Ra 和 Rz。

(1) 算术平均偏差 Ra 是指在一个取样长度内纵坐标值 $Z(x)$ 绝对值的算术平均值，如图 9-18 所示。

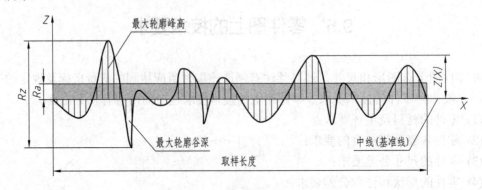

图 9-18　轮廓算术平均偏差

(2) 轮廓的最大高度 Rz 是指在同一取样长度内，最大轮廓峰高和最大轮廓谷深之和的高度，如图 9-18 所示。

3．表面粗糙度的选用

根据零件表面的作用和加工的经济性合理性来确定零件表面的粗糙度，可根据生产中实例用类比法来确定。表面粗糙度根据下列原则确定：

(1) 在保证功能要求的前提下，应选用较大的表面粗糙度参数；

(2) 零件工作表面的粗糙度数值应小于非工作表面的参数值；

(3) 配合表面的粗糙度数值应小于非配合表面的参数值。

4．表面粗糙度代号及其标注方法

标注表面结构要求时的图形符号种类、名称、尺寸及其含义如表 9-1 所示。

表 9-1　表面结构符号

符号名称	符　号	含　义
基本图形符号	H_1　H_2　d'　60°　H_1, H_2, d' 尺寸查相关表	未指定工艺方法的表面，当通过一个注释解释时可单独使用
扩展图形符号		用去除材料方法获得的表面；仅当其含义是"被加工并去除材料的表面"时可单独使用
		不去除材料的表面，也可用于表示保持上道工序形成的表面，不管这种状况是通过去除材料或不去除材料形成的
完整图形符号		在以上各种符号的长边上加一横线，以便注写对表面结构的各种要求

为了明确表面结构要求，除了标注表面结构参数和数值外，必要时应标注补充要求。如取样长度、加工工艺、表面纹理、加工余量等。这些要求在图形符号中的注写位置如图 9-19 所示。

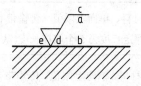

图 9-19　补充要求的注写位置

位置 a，注写表面结构的单一要求；

位置 b，注写第二表面结构要求(要注写两个或多个表面结构要求时)；

位置 c，注写加工方法、表面处理、涂层或其他加工工艺要求，如车、磨、镀等；

位置 d，注写所要求表面纹理和纹理的方向，如"="、"X"、"M"(具体可查阅 GB/T 131)；

位置 e，注写加工余量(单位：mm)。

表面结构符号的画法以及尺寸如图 9-20 所示。表 9-2 列出了图形符号的尺寸。

表 9-2　　图形符号的尺寸

数字与字母的高度 h	2.5	3.5	5	7	10	14	20
高度 H_1	3.5	5	7	10	14	20	28
高度 H_2(最小值)	7.5	10.5	15	21	30	42	60

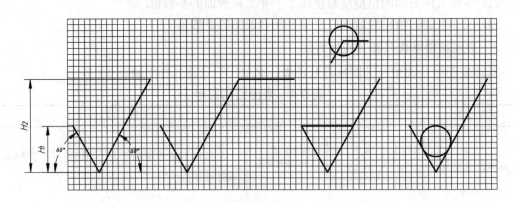

图 9-20　表面结构符号的画法及尺寸

5. 表面结构代号

　　表面结构符号中注写了具体参数代号及数值等要求后即称为表面结构代号。表面结构代号的示例及含义如表 9-3 所示。

表 9-3　表面结构代号的示例及含义

代　号	含　义
$\sqrt{}$ Rz0.4	表示不允许去除材料，单向上限值，默认传输带，R 轮廓，粗糙度的最大高度 0.4 μm，评定长度为 5 个取样长度(默认)，"16%规则"(默认)
$\sqrt{}$ Rz max 0.2	表示去除材料，单向上限值，默认传输带，R 轮廓，粗糙度最大高度的最大值 0.2 μm，评定长度为 5 个取样长度(默认)，"最大规则"
$\sqrt{}$ 0.008-0.8/ Ra3.2	表示去除材料，单向上限值，传输带 0.008～0.8 mm，R 轮廓，算术平均偏差 3.2 μm，评定长度为 5 个取样长度(默认)，"16%规则"(默认)
$\sqrt{}$ -0.8/Ra3 3.2	表示去除材料，单向上限值，传输带：根据 GB/T 6062，取样长度 0.8 mm(λ 默认 0.0025 mm)，R 轮廓，算术平均偏差 3.2 μm，评定长度包含 3 个取样长度，"16%规则"(默认)
$\sqrt{}$ U Ra max 3.2 L Ra0.8	表示不允许去除材料，双向极限值，两极限值均使用默认传输带，R 轮廓，上限值：算术平均偏差 3.2 μm，评定长度为 5 个取样长度(默认)，"最大规则"，下限值：算术平均偏差 0.8 μm，评定长度为 5 个取样长度(默认)，"16%规则"(默认)

6. 表面结构要求在图样中的注法

表面结构要求对每一表面一般只注一次，并尽可能注在相应的尺寸及其公差的同一视图上，尽可能靠近有关尺寸线。表面粗糙度的符号应注在可见轮廓线、尺寸线、尺寸界线或它们的延长线上，标注方法如表 9-4 所示。

表 9-4　粗糙度标注示例

说　明	实　例
表面结构要求对每一表面一般只标注一次，并尽可能注在相应的尺寸及其公差的同一视图上。表面结构的注写和读取方向一致	
表面结构要求可标注在轮廓线或其延长线上，其符号应从材料外指向并接触表面。必要时表面结构符号也可用带箭头和黑点的指引线引出标注	
在不致引起误解时，表面结构要求可以标注在给定的尺寸线上	
表面结构要求可以标注在几何公差框格的上方	
如果在工件的多数表面有相同的表面结构要求，则其表面结构要求可统一标注在图样的标题栏附近，此时，表面结构要求的代号后面应有以下两种情况： ① 在圆括号内给出无任何其他标注的基本符号(图(a))； ② 在圆括号内给出不同的表面结构要求(图(b))	

说　明	实　例
当多个表面有相同的表面结构要求或图纸空间有限时，可以采用简化注法。 　① 用带字母的完整图形符号，以等式的形式，在图形或标题栏附近，对有相同表面结构要求的表面进行简化标注(图(a))； 　② 用基本图形符号或扩展图形符号，以等式的形式给出对多个表面共同的表面结构要求(图(b))	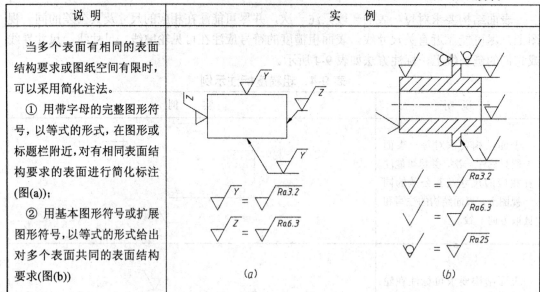

9.5.2　尺寸公差与配合

1. 零件的互换性

　　一批规格大小相同的零件，不经任何挑选和修配，就能装配到部件或机器中去，并能满足使用要求，零件的这种性质称为互换性。互换性生产，有利于专业协作、提高劳动生产率、保证产品质量、降低成本。

　　在实际生产中，加工完的一批零件的尺寸总会存在一定的误差，为了保证零件的互换性，就必须控制零件尺寸误差的范围，这就需要确定合理的配合要求和尺寸公差大小，以达到零件的基本使用要求。

2. 尺寸公差

　　将轴装进轴套的孔时，为了满足使用时松紧程度的要求，对于轴、孔的直径尺寸，必须给予一个允许的变动范围，如图 9-21 所示，孔和轴的直径分别为 $\phi 50^{+0.025}_{+0}$ 和 $\phi 50^{-0.009}_{-0.025}$，孔直径允许变动范围为 $\phi 50 \sim \phi 50.025$，轴的直径允许变动范围为 $\phi 49.975 \sim \phi 49.991$，这个尺寸的允许变动量称为尺寸公差，简称公差。

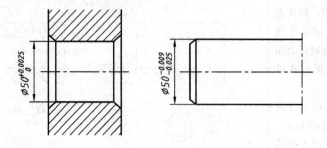

图 9-21　公差与配合

孔的公差 = 50.025 – 50 = 0.025
轴的公差 = 49.991 – 49.975 = 0.016

ϕ50 是设计时确定的尺寸，称基本尺寸；

ϕ49.991 为轴最大极限尺寸，ϕ49.975 为轴的最小极限尺寸；

轴的最大极限尺寸(ϕ49.991) – 基本尺寸(ϕ50) = 轴的上偏差(–0.009)
轴的最小极限尺寸(ϕ49.975) – 基本尺寸(ϕ50) = 轴的下偏差(–0.025)

由于最大极限尺寸总是大于最小极限尺寸，因此公差是正值。

测量零件所得到的尺寸称为实际尺寸，如果实际尺寸在最大极限尺寸和最小极限尺寸之间，则表示零件合格。

图 9-22 是孔、轴的公差带图。图中中间的直线表示公称尺寸，称为零线，以该线为基准确定偏差和公差，通常零线沿水平方向绘制，其上方为正，下方为负。

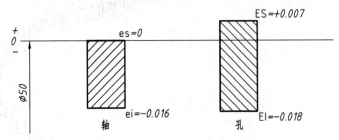

图 9-22 公差带图

阴影部分是公差带，代表上下极限偏差的两条直线所限定的区域。图中矩形的上边代表上极限偏差，下边代表下极限偏差，矩形的长度无实际意义，高度代表公差。

3．标准公差与基本偏差

由图 9-22 可知，决定公差带的因素有两个，一个是公差带的大小(即矩形的高度)，另一个是公差带距零线的位置。公差带的大小由标准公差确定，公差带距零线的位置由基本偏差确定。

国家标准 GB/T 1800.1—2009 将公差划分为 20 个等级，分别为 IT01、IT0、IT1、…、IT18。其中 IT01 级的精度最高，IT18 级的精度最低。公称尺寸相同时，公差等级越高，标准公差值就越小；公差等级相同时，公称尺寸越大，标准公差越大。

基本偏差是用来确定公差带相对于零线位置的那个极限偏差，一般为靠近零线的那个偏差，如图 9-23 所示。

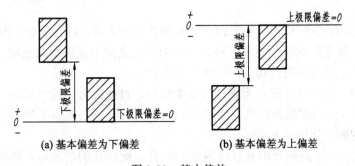

图 9-23 基本偏差

　　孔和轴的基本偏差代号各有 28 种，孔的基本偏差代号用大写字母表示，轴用小写字母表示，如图 9-24 所示。图中，公差带不封口，这是因为基本偏差只决定公差带的位置。一个公差带的代号由公称尺寸、基本偏差代号和公差等级组成。

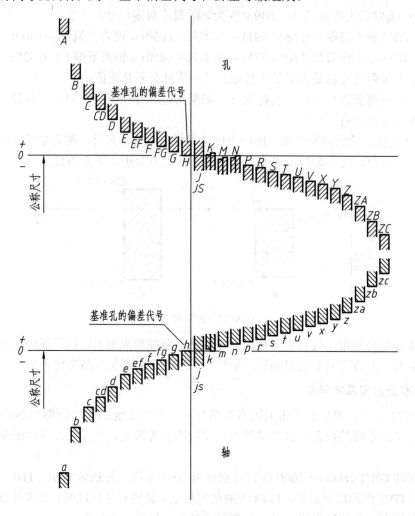

图 9-24　基本偏差系列

　　如 $\phi 50H8$ 中，$\phi 50$ 是公称尺寸，H 是基本偏差代号，大写表示孔，公差等级为 IT8。

4．配合

　　基本尺寸相同，互相结合的孔和轴的公差带之间的关系，称为配合。图 9-25 所示的是轴承座、轴衬、轴之间的配合要求，轴衬和轴承座孔之间不允许相对运动，应选择紧的配合，轴和轴衬孔之间有相对转动，应选松动的配合。

　　公差与配合国家标准将配合类别分为间隙配合、过盈配合、过渡配合三大类。

　　(1) 间隙配合。间隙配合指具有间隙的配合，此时孔的公差带在轴的公差带之上，它们的配合出现间隙，如图 9-26 所示。

　　(2) 过盈配合。过盈配合指具有过盈量的配合，此时孔的公差带在轴的公差带之下，它们的配合出现过盈，如图 9-27 所示。

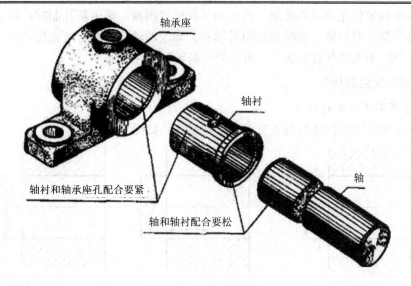

图 9-25 配合要求举例

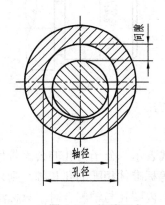

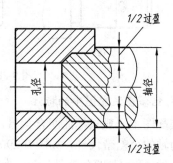

图 9-26 间隙配合   图 9-27 过盈配合

(3) 过渡配合。过渡配合指可能出现间隙或过盈的配合，这种配合性质介于两者之间，此时孔的公差带和轴的公差带相互重叠。

5．基准制

为了满足零件间各种不同的配合要求，需要定出孔和轴的公差带大小和它们的相对位置，这就产生了以哪个为基准的问题，国家标准规定了两种基准制。

1) 基孔制

基本偏差为一定的孔公差带，与各种基本偏差的轴公差带形成各种配合的一种制度，称基孔制，基孔制的孔称为基准孔，以符号 H 表示。基准孔的下偏差为零，上偏差为正值。基孔制中，轴的基本偏差从 a 到 h 为间隙配合；从 j 到 n 为过渡配合；从 p 到 zc 为过盈配合。

2) 基轴制

基本偏差为一定的轴公差带，与各种基本偏差的孔公差带形成各种配合的一种制度，称基轴制。基轴制的轴称为基准轴，以符号 h 表示。基准轴的上偏差为零，下偏差为负值。基轴制中，孔的基本偏差从 A 到 H 为间隙配合，从 J 到 N 为过渡配合，从 P 到 ZC 为过盈配合。

国家标准规定优先采用基孔制，由于加工孔比较困难，采用基孔制时，可以减少加工孔所用刀具和量具的规格。有时也采用基轴制，如滚动轴承外圈与座孔配合处，由于轴承是标准件，外圈不再进行切削加工，所以采用基轴制较为合理。

6. 极限与配合的标注

1) 极限在零件图中的标注

在零件图中，线性尺寸的公差有 3 种标注形式，如图 9-28 所示。

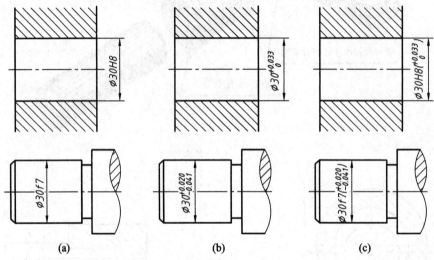

图 9-28　零件图中尺寸公差的标注

2) 配合在装配图中的标注

装配图上一般只标注配合代号。配合代号用分数形式表示，分子为孔的公差带代号，分母为轴的公差带代号，如图 9-29(a)所示。对于与轴承等标准件相配的孔和轴，则只标注非标准件(配合件)的公差带代号。如图 9-29(b)所示，轴承内圈孔与轴配合时，只标注箱体孔的公差带代号。

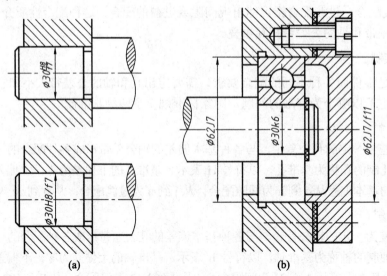

图 9-29　装配图中配合尺寸的标注

9.5.3 形状与位置公差

零件经过加工后,不仅存在尺寸误差和表面粗糙度,而且几何形状和几何元素之间相对位置也存在着误差。形状误差和位置误差都会影响零件的使用性能,因此必须对一些零件的重要表面或轴线的形状和位置进行限制。

1. 形状和位置公差的概念

形状误差是指实际表面形状相对于理想表面形状的差异;位置误差是指相关联的两个几何要素的实际位置相对于理想位置的差异。形状和位置误差的允许变动量称为形状和位置公差(简称形位公差)。形位公差的术语、定义、代号及其标注详见有关的国家标准,这里仅作简要介绍。

2. 形位公差的代号

在技术图样中,形位公差采用代号标注,当无法采用代号标注时,允许在技术要求中用文字说明。形位公差代号由形位公差项目符号、框格、公差值、基准符号和其他有关符号组成。形状和位置公差特征项目的符号见表 9-5。

表 9-5 形位公差的项目名称及符号

公差		特征项目	符号	有或无基准要求
形状	形状	直线度	—	无
		平面度	▱	无
		圆度	○	无
		圆柱度	⌀	无
形状或位置	轮廓	线轮廓度	⌒	有或无
		面轮廓度	⌓	有或无
位置	定向	平行度	//	有
		垂直度	⊥	有
		倾斜度	∠	有
	定位	位置度	⊕	有或无
		同轴(同心)度	◎	有
		对称度	=	有
	跳动	圆跳动	∕	有
		全跳动	∕∕	有

3. 形状和位置公差的标注

形位公差的框格及基准代号画法如图 9-30 所示。框格用细实线绘制,可画两格或多格,应水平或铅直放置。框格的高度是图样中尺寸数字高度的两倍,框格长度根据需要而定。框格中的数字、字母和符号与图样中的数字同高,框格内由左至右(或由下至上)填写的内容为：第一格为形位公差项目符号，第二格为形位公差数值及其相关符号，第三格及以后各格为基准代号的字母及有关符号。

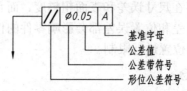

图 9-30　形位公差代号

　　(1) 在框格的一端引一条指引线，指引线的箭头应指向被测要素，垂直于被测要素的轮廓线或其延长线上，并应明显地与该要素的尺寸线错开，如图 9-31(a)所示。

　　(2) 当被测要素为轴线、球心或中心平面时，指引线箭头应与该要素的尺寸线对齐，如图 9-31(b)所示。

　　基准代号由正方形线框、字母和带黑三角(或白三角)的引线组成，h 表示字体高度，如图 9-32 所示。框格中的字符高度与尺寸数字的高度相同，且基准中的字母永远水平注写。

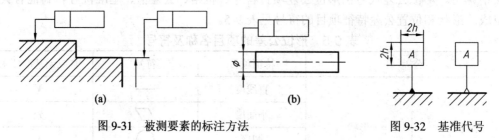

图 9-31　被测要素的标注方法　　　　　图 9-32　基准代号

4．几何公差标注案例

　　零件的工作图样如图 9-33 所示。

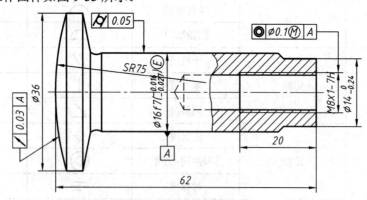

图 9-33　几何公差标注案例

　　图中几何公差的含义如下：

　　◎$\phi 0.1$Ⓜ A：公差名称为同轴度，被测要素是螺纹 M8×1 的轴线，基准要素是 ϕ16f7 轴段的轴线，公差带形状是以基准轴线为轴线的圆柱面，圆柱面的直径为 ϕ0.1 mm。其中，符号 M 表示尺寸公差和形位公差的关系符合最大实体要求。

　　∕ 0.03 A：公差名称为圆跳动，被测要素是左球面，基准要素是 ϕ16f7 轴的轴线，公差带形状是以基准轴线为圆心的同心圆，同心圆的半径差为 0.03 mm。

$\boxed{H \mid 0.05}$：公差名称为圆柱度，被测要素是 $\phi16f7$ 轴段的圆柱面，公差带形状是两个同心柱面，柱面的半径差为 0.05 mm。

$\textcircled{E}$：表示尺寸公差和形状公差的关系符合包容要求。

9.5.4 材料热处理及表面处理

1．热处理

热处理是利用固态加热和冷却的方法来改变金属的内部组织，以达到改变其性能的一种工艺方法。它一般不改变金属的化学成分和零件的形状及尺寸。常用的热处理方法有淬火、回火、渗碳等。

在零件图中，可将热处理的方法，填写在技术要求中，也可用指引线直接标注在图形上，如图 9-34(a)所示。如果热处理仅限于零件的局部表面，则可用细实线画出其范围，如图 9-34(b)所示。

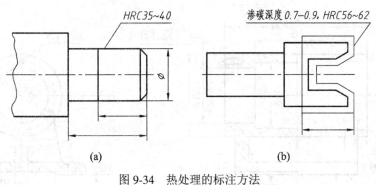

图 9-34 热处理的标注方法

2．表面处理

表面处理是指零件表面加镀涂层，以提高抗腐蚀、耐磨性等，或使表面美观。镀涂的主要方法如下：

(1) 热浸涂覆。把被镀零件浸入熔融的金属里，熔化的金属就牢固地附着在被镀零件的表面上，形成保护层。

(2) 油漆涂覆。根据零件不同的使用和颜色要求，选用不同的油漆，对零件的某些表面进行涂覆，以达到防腐蚀和装饰的作用。

(3) 化学和电化涂覆。利用化学反应在零件表面形成一层保护膜，如"发蓝"、"发黑"等。利用电解法在金属表面镀上一层极薄的金属膜，称电镀。如镀锌、镀铬、镀银等。

零件需要进行表面处理时，应当在图中用符号或文字标出。

9.6 读零件图

9.6.1 阅读零件图的目的及要求

在机械产品设计、制造过程中，无论从事产品设计、生产工艺管理或加工操作、质量检验等工作，都需阅读零件图。一张零件图的内容很多，不同工作岗位的人员读图的目的和侧重点有所不同。通常阅读零件图的主要目的和要求如下：

看标题栏了解零件的名称、材料、作图比例等；阅读视图了解零件各部分结构的形状、特点，结合相关专业知识，了解零件在机器或部件中的作用及零件各部分的功能；阅读尺寸了解零件各部位的大小，分析主要尺寸基准，以便确定零件加工的定位基准、测量基准等；明确制造零件的主要技术要求，如表面粗糙度、尺寸公差、形位公差、热处理及表面处理等，以便确定正确的加工、检测或试验方法。

9.6.2　阅读零件图的方法和步骤

阅读零件图必须按照正确的方法和步骤进行，从整体到局部，逐项内容认真阅读、仔细分析，掌握零件的结构、各部位功用及大小、主要尺寸基准和各项技术要求等，同时提高看图效率。现以图 9-35 机座为例，介绍看图的方法和步骤。

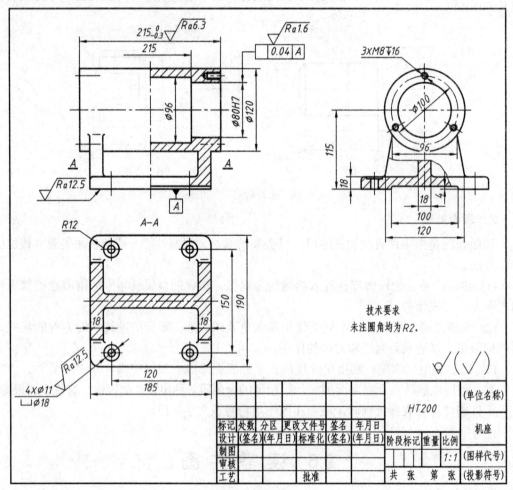

图 9-35　机座零件图

1. 看标题栏

读零件图要先从标题栏入手，了解零件的名称、用途、材料和绘图比例。由名称了解零件的用途，由材料了解零件毛坯的制造方法，由绘图比例初步了解零件的总体大小。

如图 9-35 所示，由名称"机座"可知，该零件在装配体中起支承、包容作用；由材料"HT200"可知，该零件毛坯的制造方法为铸造；由绘图比例 1∶1 可知，该零件的实际尺寸和图示大小相同。

2．明确视图表达方法和各视图间的关系

图 9-35 所示的机座零件图，主视图采用半剖，主要表达机座的外形及其内部结构；左视图采用局部剖，主要表达机座左端面外形及底板上孔的形状；俯视图采用全剖，主要表达底板的形状及 A—A 的截面形状。

3．分析视图，想象零件的形状、结构

先从基础形体入手，由大到小逐步想象零件的形状。图 9-36 为机座的形状及想象过程。

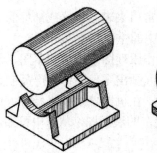

图 9-36　机座形状

4．读尺寸，分析尺寸基准

尺寸是零件图的重要组成部分，根据图上的尺寸，明确零件各部分的大小。读尺寸时要分清楚组成部分的定形尺寸、定位尺寸和零件的整体尺寸。特别是要识别和判断哪些尺寸是零件的主要尺寸，分析零件各方向上的主要尺寸基准。

如图 9-35 所示，零件的主要尺寸要结合图中所标注的公差配合代号及零件各部分的功能来识别和判断。尺寸基准要与设计基准与加工工艺相联系，各方向的尺寸基准可能不止一个，只要分析出主要的即可。

5．看技术要求，明确零件质量要求

零件图中的技术要求是保证零件内在质量的重要指标，也是组织生产中特别需要重视的问题。零件图上的技术要求主要有表面粗糙度代号、公差配合代号及技术要求项目下分条的文字说明。由图 9-35 可以看出，零件上部两端孔 ϕ80H7 是重要的孔，表面尺寸精确，制造时还要保证其轴线与底面的平行。

读图的最后，还应把读图时各项内容要求加以综合，以把握零件的特点，突出重要要求，以便在加工制造时采取相应的措施，保证零件达到设计要求和质量要求。

第10章 装 配 图

10.1 装配图的作用和内容

装配图是表达机器或部件的图样，通常用来表达机器或部件的工作原理以及零、部件间的装配和连接关系，是机械设计和生产中的重要技术文件之一。

在产品设计中，一般先根据产品的工作原理图画出装配草图，然后将装配草图整理成装配图，最后根据装配图进行零件设计，并画出零件图；在产品制造中，装配图是制定装配工艺规程、组织装配和检验的技术依据；在机器使用和维修时，也需要通过装配图了解机器的工作原理和构造。图 10-1 所示为旋塞的装配图，从图中可知，一张完整的装配图必须具有以下内容：

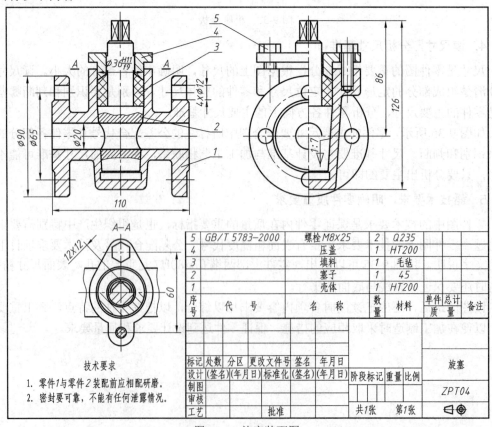

5	GB/T 5783-2000	螺栓M8×25	2	Q235		
4		压盖	1	HT200		
3		填料	1	毛毡		
2		塞子	1	45		
1		壳体	1	HT200		
序号	代 号	名 称	数量	材料	单件 总计 质量	备注

技术要求

1. 零件1与零件2装配前应相配研磨。
2. 密封要可靠，不能有任何泄露情况。

图 10-1   旋塞装配图

1．一组视图

这些视图表达机器或部件的传动线路、工作原理，各组成零件的相对位置、装配关系、连接方式和主要零件的结构形状等。

2．必要的尺寸

只需标注出表示机器或部件的性能、装配、检验和安装所必需的一些尺寸。

3．技术要求

用数字符号或文字对机器或部件的性能、装配、检验、调整、验收以及使用方法等方面的要求进行说明。

4．零件序号、明细栏和标题栏

装配图与零件图最明显的区别就是在装配图中对每个零件进行编号，并在标题栏上方按编号顺序绘制成零件明细栏。

10.2 装配图的视图表达方法

装配图和零件图一样都是机械图样，它们的共同点是都要表达出装配体或零件的内、外结构。国家标准关于零件的各种表达方法和选择视图的原则，在表达部件时也适用。但零件图与装配图又有区别。零件图用来表达零件的结构、形状，而装配图主要表达机器或部件的工作原理、装配关系，因此装配图在表达方面有它的特殊性。为了清晰而又简便地表达出部件的结构，《机械制图》国家标准对装配图提出了一些规定画法和特殊画法。

10.2.1 装配图视图的选择

1．主视图

一般将装配体的工作位置作为主视图的位置，以最能反映装配体的装配关系、工作原理及结构、形状的方向作为画主视图的方向。若装配体工作位置倾斜，应先放正，再进行绘图。

2．其他视图

主视图未能表达清楚的装配关系，应根据需要配以其他基本视图或辅助视图，直至把装配体工作原理、装配关系完全表达清楚。可根据需要进行适当的剖视、断面，同时应照顾到图幅的布局。

10.2.2 装配图上的规定画法

1．接触面和非接触面

相邻两个零件的接触面和配合面之间，规定只画一条轮廓线；相邻两个零件的不接触面(两零件的公称尺寸不同)，不论间隙多小，均应画两条线，如图 10-2 所示。

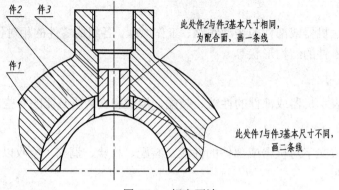

件2　件3

此处件2与件3基本尺寸相同，
为配合面，画一条线

件1

此处件1与件3基本尺寸不同，
画二条线

图 10-2　规定画法

2．剖面线的画法

相邻两个或多个零件的剖面线应有区别，即方向相反或者方向一致但间隔不等，如图
10-2 所示。但必须特别注意，在装配图中，所有剖视图、断面图中同一零件的剖面线方向和间
隔必须一致。这样有利于找出同一零件的各个视图，想象其形状和装配关系，如图 10-3 所示。

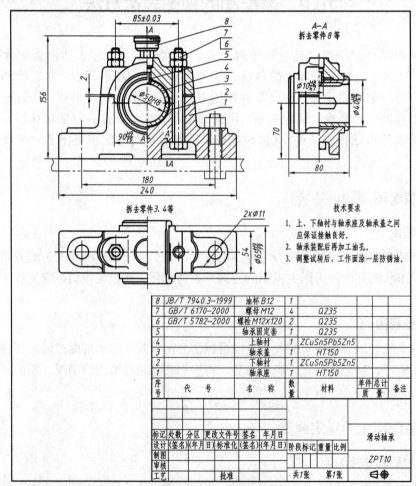

8	JB/T 7940.3-1999	油杯 B12	1				
7	GB/T 6170-2000	螺母 M12	4	Q235			
6	GB/T 5782-2000	螺栓 M12×120	2	Q235			
5		轴承固定套	1	Q235			
4		上轴衬	1	ZCuSn5Pb5Zn5			
3		轴承盖	1	HT150			
2		下轴衬	1	ZCuSn5Pb5Zn5			
1		轴承座	1	HT150			
序号	代　号	名　称	数量	材料	单件 质量	总计 质量	备注

技术要求

1. 上、下轴衬与轴承座及轴承盖之间
应保证接触良好。
2. 轴承装配后再加工油孔。
3. 调整试转后，工作面涂一层防锈油。

图 10-3　滑动轴承装配图

3．剖视图中不剖零件的画法

在装配图中，对于紧固件的轴、连杆、球、钩子、键和销等实心零件，当剖切面通过其最大对称平面时，这些零件均按不剖绘制，如图 10-3 中的螺栓。若需要特别表明零件的构造，如凹槽、键槽和销孔等，可用局部剖视图表示，如图 10-3 所示。

10.2.3　装配图上的特殊画法

1．拆画画法和结合面剖切画法

在装配图中，当某个或几个零件遮住了需要表达的其他结构或装配关系，而它(们)在其他视图中又已表示清楚时，可假想将其拆去，只画出所要表达部分的视图，需说明时应在该视图上方加注"拆去 XX 等"，这种画法称为拆卸画法，如图 10-3 所示。为了表达某些内部结构，可沿两零件间的结合面剖切后进行投影，这种画法称为沿结合面剖切画法。

2．单独表达某个零件的方法

若所选择的视图已将大部分零件的形状、结构表达清楚，但仍有少数零件的某些方面还未表达清楚时，可单独画出这些零件的视图、剖视图或断面图。如图 10-4 所示的液压缸装配图中，C 向视图表达了活塞端部的形状。

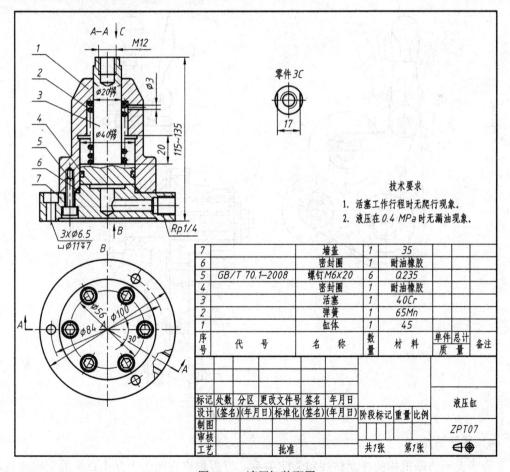

图 10-4　液压缸装配图

3. 假想画法

(1) 在装配图中，当需要表示运动零件的运动范围或运动的极限位置时，可采用假想画法。先按其运动的一个极限位置绘制图形，再用细双点画线画出另一极限位置的图形，如图 10-5 所示。

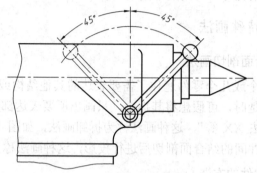

图 10-5　运动零件的极限位置

(2) 当需要表示装配体与相邻有关零件的关系或夹具中工件的位置时，可用双点画线画出该零件的轮廓，如图 10-6 中的主轴箱位置。

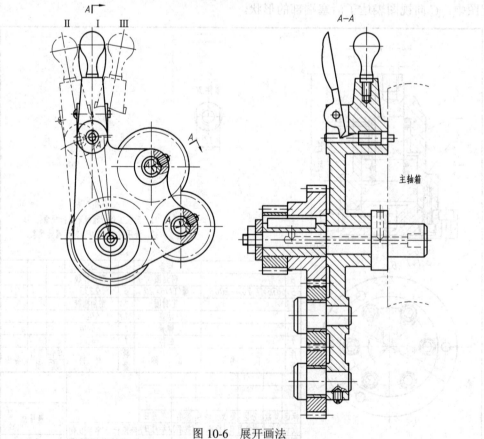

图 10-6　展开画法

4. 展开画法

为了表示传动机构的传动路线和装配关系，可假想将在图纸上互相重叠的空间轴系，按其传动顺序展开在一个平面上，然后沿各轴线剖开，得到的剖视图，如图 10-6 所示。

10.2.4　装配图上的简化画法

（1）对于装配图中若干相同的零、部件组，如螺栓连接等，可只详细地画出其中一组或几组，其余则只需用细点画线表示其位置即可，如图 10-7 中的螺钉连接。

（2）在装配图中，对于厚度较小的垫片等不易画出的零件可将其涂黑表示，如图 10-7 中的垫片。

（3）在装配图中，零件的部分工艺结构如倒角、倒圆、退刀槽等，允许不画。螺栓、螺母因倒角产生的曲线允许省略。

（4）滚动轴承可按简化画法画，如图 10-7 所示。

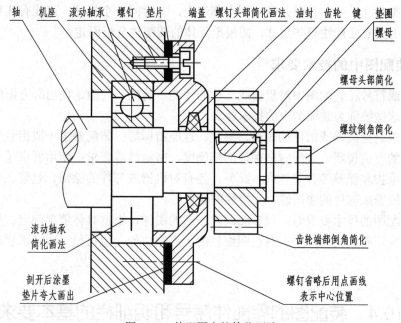

图 10-7　装配图中的简化画法

10.3　装配图的尺寸标注和技术要求

10.3.1　装配图中的尺寸标注

在装配图中，不必注全所属零件的全部尺寸，只需注出用以说明机器或部件的性能、工作原理、装配关系和安装要求等方面的尺寸，这些必要的尺寸是根据装配图的作用确定的。一般只标注以下几类尺寸：

1．规格尺寸

表示装配体的性能、规格和特征的尺寸，如图 10-1 中的旋塞通道直孔 $\phi20$，图 10-3 中滑动轴承内孔 $\phi50H8$。

2. 配合尺寸

表示装配体各零件之间装配关系的尺寸，通常有以下几类：

(1) 装配尺寸：零件间有公差配合要求的尺寸，如图 10-1 中的 ϕ36H11/f9 和图 10-3 中的 ϕ40H8/k7。

(2) 安装尺寸：装配体安装在地基或其他机器上时所需的尺寸，如图 10-1 中安装孔直径 4 × ϕ12 和安装定位尺寸 ϕ65。

(3) 外形尺寸：装配体的外形轮廓尺寸反映装配体的总长、总高、总宽。此类尺寸是装配体在包装、运输、厂房设计时所需的依据，如图 10-1 中总长尺寸 110、总高尺寸 126。

(4) 其他重要尺寸：不属于以上各类尺寸，但为了技术需要又必须说明的尺寸，例如图 10-3 中的 ϕ50H8 的中心高 70 和图 10-5 中手柄的活动范围 45°。

上述几类尺寸，并非在每张装配图上都注全，有时同一个尺寸，可能有几种含义。因此在装配图上到底应标注哪些尺寸，需根据具体的装配体分析而定。

10.3.2　装配图中的技术要求

用文字或符号在装配图中对机器或部件的性能、装配、检验、使用等方面的要求和条件的说明，这些统称为装配图中的技术要求。

性能要求是指机器或部件的规格、参数、性能指标等；装配要求一般指装配方法和顺序，装配时的有关说明，装配时应保证的精确度、密封性等要求；使用要求是对机器或部件的操作、维护和保养等有关要求。此外，还有对机器或部件的涂饰、包装、运输等方面的要求及对机器或部件的通用性、互换性的要求等。

编制装配图的技术要求时，可参阅同类产品的图样，根据具体情况确定。技术要求中的文字注写应正确、简练，一般写在明细栏的上方空白处，也可另写成技术要求文件作为图样的附件。

10.4　装配图的零部件序号和明细栏的基本要求

为了便于看图，便于图样管理、备料和组织生产，对装配图中每种零、部件都必须编注序号，并填写明细栏。

10.4.1　零件序号的编排方法

(1) 装配图中的所有零件都必须进行编号。相同的零件编一次序号，但应在明细栏中注明它的数量。

(2) 编号时，在所指零件的可见轮廓内画一小圆点，然后从圆点开始画一指引线(细实线)，在指引线的另一端画一水平线或圆(均为细实线)，并在水平线或圆内注写序号；也可在指引线附近直接注写序号，如图 10-8(a)所示。在同一装配图中编写序号的形式应一致。序号的字高比图中所注尺寸数字大一号或两号；在指引线附近直接注写序号时，序号的字高应比尺寸数字大两号。若所指部分内不便画圆点时(很薄的零件或涂黑的剖面)，可在指引线的末端画一箭头指向该部分的轮廓，如图 10-8(b)所示。

(3) 指引线间互相不能相交。当其通过有剖面线的区域时，不应与剖面线平行，但允许画成折线，且只可曲折一次，如图 10-8(c)所示。

(4) 一组紧固件以及装配关系清楚的零件组，可以采用公共的指引线，如图 10-8(d)所示。

(5) 序号应沿水平或垂直方向整齐排列，按顺时针或逆时针方向依次书写，如图 10-1和图 10-3 所示。

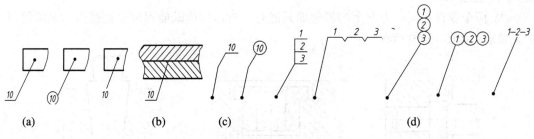

图 10-8　零件序号的引注形式

10.4.2　明细栏

明细栏是装配图中全部零件的详细目录，明细栏中零件的序号应与装配图中所编写的序号一致。

明细栏的位置在标题栏的上方，如果位置不够，也可继续画在标题栏的左方。填写序号时应自下向上填写，以便添加零件。

生产图样的明细栏应采用 GB/T 10609.2—2006 规定的格式，如图 10-9 所示，学生的制图作业可采用图 1-5 所示的格式。

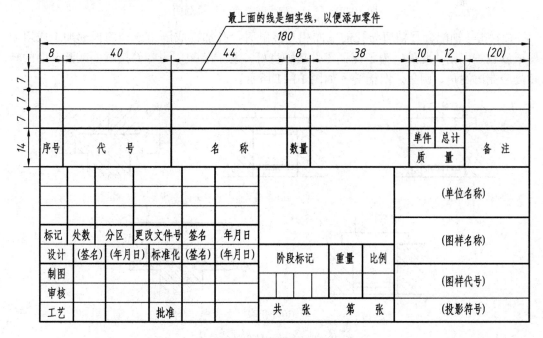

图 10-9　明细栏的格式

10.5 装配工艺结构简介

在绘制装配图时，应考虑装配结构的合理性，以保证机器和部件能顺利装拆，并达到设计的性能要求。

(1) 两个零件在同一方向上的接触面只能有一对，这样既能保证良好接触，又能降低加工要求，如图 10-10 所示。

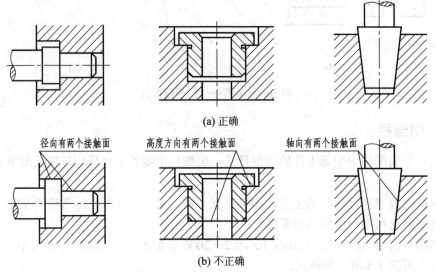

图 10-10　同一方向上只能有一组接触面

(2) 孔与轴配合且轴肩与孔的端面相互接触时，孔加工成倒角或轴的根部加工成退刀槽或砂轮越程槽。此外，为了保证零件接触良好，易于装配，两零件接触面或配合面的转角处应制出倒角、圆角、凹槽等，如图 10-11 所示。

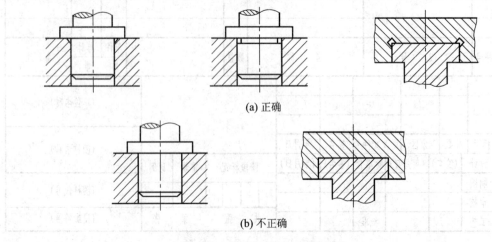

图 10-11　接触面转角处的结构

(3) 为保证紧固件有良好的接触表面，在被连接的零件上作出沉孔或凸台，如图 10-12 所示。

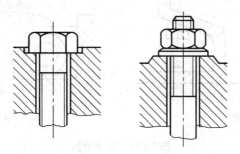

图 10-12　沉孔和凸台

(4) 为了保证两零件在装拆前后的装配精度，常用圆柱销、圆锥销定位。为加工和装拆方便，应尽量将销孔加工成通孔，如图 10-13 所示。

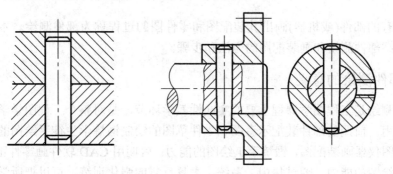

图 10-13　销连接

(5) 滚动轴承常用轴肩或孔肩定位。为了便于滚动轴承的拆卸，轴肩或孔肩的高度应小于轴承内圈或外圈的厚度，如图 10-14 所示。

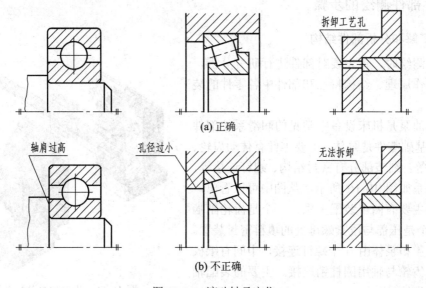

图 10-14　滚动轴承定位

(6) 用螺纹连接的地方设计时要考虑零件便于拆装, 如图 10-15 所示。

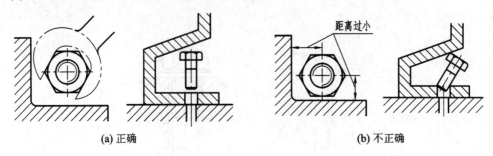

(a) 正确　　　　　　　　　　　　　　　(b) 不正确

图 10-15　预留空间

10.6　部件测绘和装配图的画法

根据现有的部件(或机器)画出其装配图和零件图的过程称为部件测绘。本节以齿轮油泵为例, 介绍部件测绘和画装配图的方法和步骤。

10.6.1　部件测绘的意义

装配体测绘是工程图学课程重要的实践性教学环节, 是对整个工程图学学习内容的综合训练和运用。前期的部件装配示意图和零件草图的绘制锻炼学生徒手绘图的能力; 中期用尺规等绘图仪器画装配图, 锻炼手工绘图的能力; 后期用 CAD 软件画零件工作图, 锻炼使用计算机绘图的能力。通过集中、系统、大量反复的强化训练, 可以把所学知识运用于实际工作中, 并在用的过程中使所学知识得以巩固和深化, 最终起到提高绘图能力的作用, 并为创新能力的培养奠定基础。

10.6.2　部件测绘的步骤

1．了解和分析部件结构

部件测绘时, 首先要对部件进行研究分析, 了解其工作原理、结构特点和部件中各零件的装配关系。

齿轮油泵是机床设备中常见的润滑系统部件之一, 其基础零件是泵体, 主要零件有传动齿轮、泵盖、轴等, 细节部分有密封结构、螺钉连接等, 其装配关系如图 10-16 所示。从图中可以看出, 齿轮油泵主要有两个装配关系, 一个是齿轮副啮合, 另一个是压盖与压紧螺母处的填料密封装置。此外, 泵盖和泵体由 6 个螺钉连接, 中间有纸板密封垫。齿轮与轴用圆柱销连接。主要的装配轴线为主动齿轮轴。

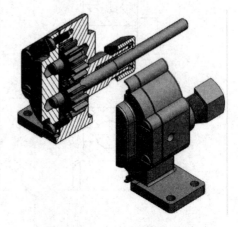

图 10-16　齿轮油泵装配关系

齿轮油泵的工作原理如图 10-17 所示，即主动轮带动从动轮旋转，当轮齿从啮合到脱开时在进油口就形成局部真空，液体被吸入。被吸入的液体充满齿轮的各个齿谷而带到出油口，轮齿进入啮合时液体被挤出，形成高压液体并经泵出油口排出泵外。

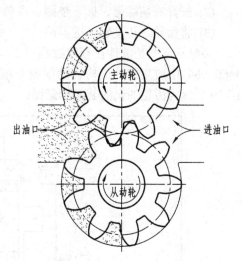

图 10-17　齿轮油泵工作原理

2. 拆卸零件，绘制装配示意图

拆卸零件时，要正确使用拆卸工具，严禁乱敲乱打，对不可拆连接或过盈配合的零件尽量不拆，以免损坏零件。为了避免被卸下零件的丢失，应事先对其进行编号，并系上标签；在拆卸零件的同时，画出装配示意图，以便及时记录下零件间的装配关系。

图 10-18 所示为齿轮油泵的轴测分解图。从图中大致可以看出齿轮油泵零件的拆卸顺序如下：

(1) 拧开左端螺钉，拆去泵盖、垫片、圆柱销。

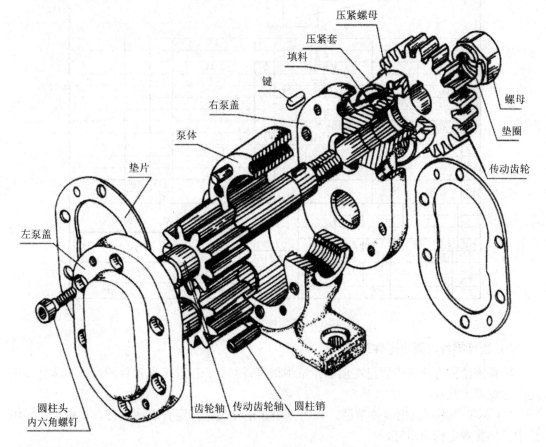

图 10-18　齿轮油泵轴测分解图

(2) 拧开右端螺母、拆下垫圈、齿轮、压紧套、填料。

(3) 将齿轮、传动轴、键拆除。

装配示意图是部件在测绘过程中所画的原始记录图样，它采用简单的图线或采用 GB 4460—84 中所规定的机构运动简图来画出各零件的大致轮廓、相对位置和装配关系。图 10-19 所示为齿轮油泵的装配示意图。

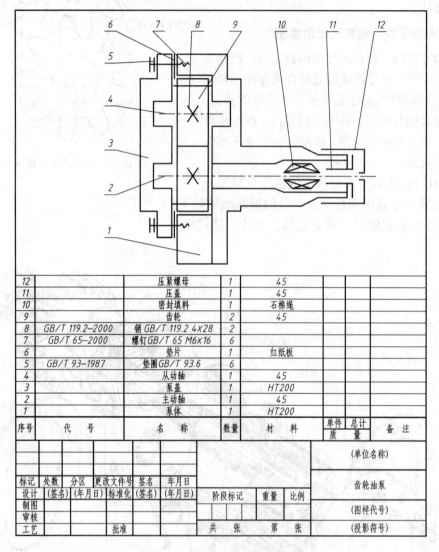

12		压紧螺母	1	45		
11		压盖	1	45		
10		密封填料	1	石棉绳		
9		齿轮	2	45		
8	GB/T 119.2—2000	销 GB/T 119.2 4×28	2			
7	GB/T 65—2000	螺钉 GB/T 65 M6×16	6			
6		垫片	1	红纸板		
5	GB/T 93—1987	垫圈 GB/T 93.6	6			
4		从动轴	1	45		
3		泵盖	1	HT200		
2		主动轴	1	45		
1		泵体	1	HT200		
序号	代　号	名　称	数量	材　料	单件 总计 质量	备　注

					(单位名称)
标记 处数 分区 更改文件号 签名 年月日					齿轮油泵
设计	(签名)	(年月日)	标准化	(签名) (年月日)	阶段标记　重量　比例
制图					(图样代号)
审核					
工艺			批准		共　张　第　张　(投影符号)

图 10-19　齿轮油泵装配示意图

3. 测绘零件，画出零件草图

零件测绘的方法和步骤已在前面章节中做过详细的介绍，但在部件测绘中画零件草图还应注意以下几点：

(1) 标准件不必画出零件草图，只需测出其主要尺寸，经查表核定后，在标准的明细栏中注出其规定标记即可。

(2) 画零件草图时，一般先从主要的或大的零件着手，以便可随时校核和协调与其他零件相关的尺寸。

(3) 两零件的配合尺寸以及决定两零件位置的尺寸必须协调一致，不得发生矛盾。

4．画装配图

具体画图步骤见下节。

5．画零件图

根据所绘制的装配图和零件草图，整理绘制出除标准件外的全部零件图。

10.6.3 装配图的画法

根据所画好的零件的草图和装配示意图，画出装配图。画装配图的方法和步骤如下：

1．深入了解部件的装配关系和工作原理

在画装配图之前，对所画对象要有深刻的了解，弄清用途、工作原理、零件间的装配关系、连接方式和相对位置等，然后再开始画图。

2．装配图的视图选择

1) 选择主视图

首先将部件按工作位置放置，并以能清楚地反映装配关系或工作原理的那个方向作为主视图的投射方向。

2) 其他视图的选择

有的部件仅靠一个主视图不可能将它的工作原理、装配、连接关系及主要零件的结构形状表达清楚，此时必须再选择其他视图来进行补充表达，其视图数量的多少视部件的复杂程度而定，并适当考虑画图、看图的简便。

齿轮油泵的表达方案为：以能表达油泵的形状结构和安装情况的一面作为主视图的投射方向，并采用全剖视图把油泵的主要零件之间的相对位置、装配关系及连接方式表达出来。由于齿轮油泵的结构对称，所以左视图采用了沿泵体和泵盖结合面剖切的半剖视图，可清楚地表达齿轮油泵的工作原理和螺钉的分布位置。此外，左视图上还采用了局部剖视图，分别表达了进油孔和安装孔的形状。最终方案如图 10-20 所示。

3) 画装配图

(1) 根据已确定的表达方案，定比例和图幅，画出图框、标题栏、明细栏。画好各视图的作图基准线和主要轴线，合理布图。

(2) 从主视图入手，画出底稿，可围绕各条装配干线(由装配关系较密切的一组零件组成)"由里向外画"或"由外向里画"。

"由里向外画"，即是从部件内部的主要装配干线出发，逐次向外扩展，这样被挡住零件的不可见轮廓线可以不必画出，免画许多多余的图线。"由外向里画"，即是从主要零件泵体开始画起，逐次向里画出各个零件，它的优点是便于考虑整体的合理布局。这两种方法应根据部件或机器的不同结构灵活选用或结合运用，但无论运用哪种方法，画图时仍要保持各视图间、各零件间的投影关系以及随时检查零件间有无干扰问题、定位问题等。

(3) 校核底稿，擦去多余作图线，按规定线型加深图线、画剖面线、标注尺寸、编写零件序号、填写明细栏、标题栏和技术要求，最后完成的装配图如图 10-20 所示。

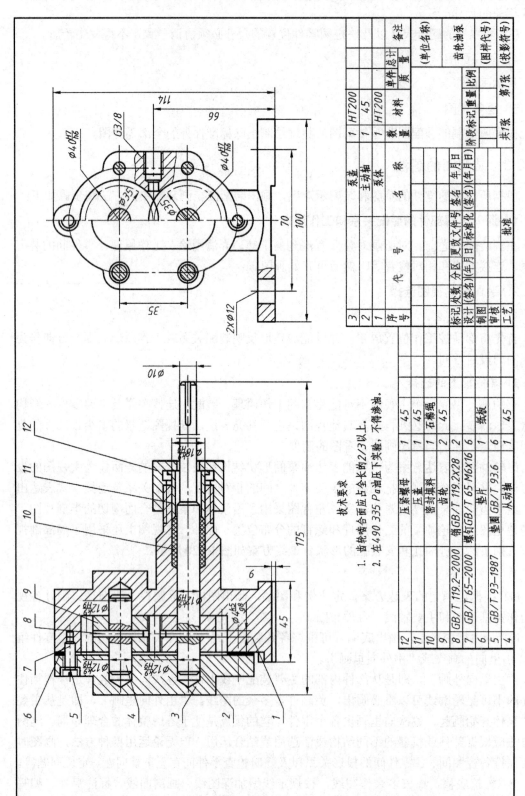

技术要求

1. 齿轮啮合面应占全长的2/3以上。

2. 在490 335 Pa油压下实验, 不得渗油。

12				压紧螺母	1	45
11				压盖	1	45
10				密封填料	1	石棉绳
9				齿轮	2	45
8	GB/T 119.2-2000			销GB/T 119.2X28	2	
7	GB/T 65-2000			螺钉GB/T 65 M6X16	6	
6				垫片	1	纸板
5	GB/T 93-1987			垫圈GB/T 93.6	6	
4				从动轴	1	45
3				泵盖	1	HT200
2				主动轴	1	45
1				泵体	1	HT200
序号	代号			名称	数量	材料	单件	总计	备注
							质量		
标记	处数	分区	更改文件号	签名	年月日				(单位名称)
设计	(签名)	(年月日)	标准化	(签名)	(年月日)	阶段标记	重量	比例	齿轮油泵
制图									
审核									(图样代号)
工艺			批准			共1张	第1张		(投影符号)

图 10-20　齿轮油泵装配图

10.7 读装配图及由装配图拆画零件图

在工业生产中，设计、制造、装配、使用和维修以及技术交流时都需要阅读装配图，所以识读装配图是工程技术人员必备的能力。

现以图 10-21 阀的装配图为例，介绍阅读装配图以及由装配图拆画零件图的方法和步骤。

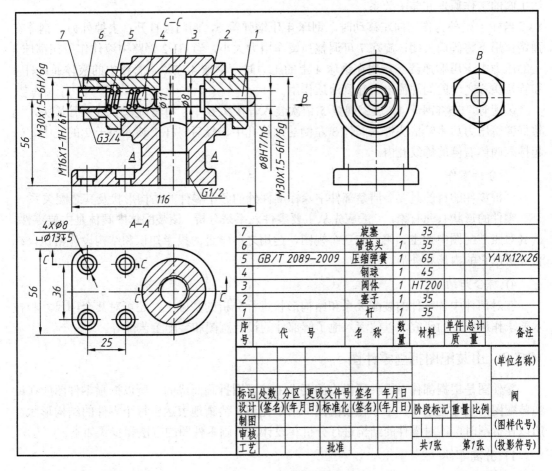

7		旋塞	1	35	
6		管接头	1	35	
5	GB/T 2089–2009	压缩弹簧	1	65	YA1x12x26
4		钢球	1	45	
3		阀体	1	HT200	
2		塞子	1	35	
1		杆	1	35	

图 10-21 阀装配图

10.7.1 读装配图

1. 识读装配图的基本要求

(1) 了解部件的名称、用途及工作原理。

(2) 了解其装配关系及装拆顺序。

(3) 了解各零件的作用及结构形状。

2．读装配图的方法和步骤

1) 概括了解

图 10-21 所示为阀的装配图，该部件装配在液体管路中，用以控制管路的通断。该装配图采用了主视图(全剖)、俯视图(全剖)、左视图和一个 B 向局部视图。由主视图可知，该装配体中有一条水平装配轴，部件通过阀体上的 G1/2 螺纹孔、4 × φ8 的螺栓孔和管接头上的 G3/4 螺孔装入液体管路中。

2) 分析工作原理和装配关系

对照各视图研究机器或部件的工作原理和装配关系。主视图采用全剖视图，清楚地表达了阀的工作原理和装配关系。

当杆 1 受外力作用向左移动时，钢球 4 压缩弹簧 5，阀门被打开；去掉外力，钢球在弹簧作用下将阀门关闭；旋塞 7 可调整弹簧作用力大小，当 G1/2 管路中液体作用在钢球 4 上的压力大于压缩弹簧 5 作用在钢球 4 上的压力时，钢球 4 左移，管路中的液体通过杆 1 和管接头 6 之间的间隙流出，起到泄压作用。

装配时，先将钢球 4、压缩弹簧 5 依次装入管接头 6 中，再将旋塞 7 拧入管接头，调整好弹簧压力后将管接头拧入阀体 3 左侧的螺纹孔中，最后将杆 1 装入塞子 2 的孔中，一起拧入阀体右侧的螺纹孔内。

3) 分析零件

分析零件的目的是要搞清楚部件中除标准件外的各个零件的结构形状及其装配关系。

零件的形状有简有繁，一般应先从主要零件入手来分析。该装配体中阀体是主要零件，认真对照装配图中的主、俯、左三个视图，运用之前学过的投影知识和结构设计常识，综合分析出它的内形和外形。

4) 综合归纳

在对部件中各零件的装配关系和结构形状进行分析的基础上，还可对其全部尺寸和技术要求作进一步的研究，以便深入地了解部件的设计意图和装配工艺性等。

10.7.2　由装配图拆画零件图

零件图是根据部件对零件所提出的要求由装配图拆画而成的，所以拆画零件图应在读懂装配图的基础上进行。由于在装配图上很难完整、清晰地表达出每个零件的结构形状，所以在拆图时，需对零件的结构进行分析和设计。拆画零件图的方法和步骤如下。

1．分离零件

将要拆画的零件从整个装配图中分离出来。分离各视图时，可利用剖面线的方向、间距，以及丁字尺、三角板、圆规等找投影关系。例如，要拆画阀装配图中阀体的零件图，首先应将阀体 3 从主、俯、左视图中分离出来，然后想象其形状，如图 10-22 所示。

2．确定视图的表达方案并画出零件图

在装配图与零件图中对表达零件的侧重点是不同的，前者注重于装配关系，后者注重于结构形状。所以，在拆画零件图时，不能简单地照搬装配图的表达方案，而应根据零件的类型和整体结构形状重新选择视图。图 10-23 所示为阀体的零件图。

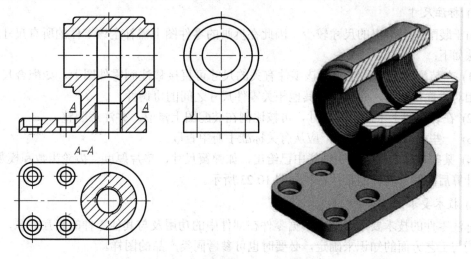

图 10-22 装配图中分离出阀体轮廓

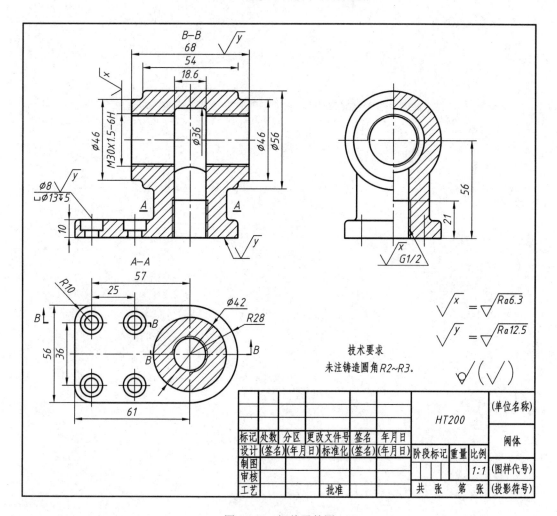

图 10-23 阀体零件图

1) 标注尺寸

由于装配图上给出的尺寸较少，因此在拆画的零件图上需补全该零件的所有尺寸。处理办法如下：

(1) 在装配图上已标注的与该零件有关的尺寸可直接移注到零件图上，如配合尺寸、某些相对位置尺寸等，并注意与其他相关零件尺寸之间的协调性。

(2) 在装配图上未注出的尺寸，可按比例在装配图上量取，并注意圆整。

(3) 一些标准结构的尺寸，应从有关标准手册中查取。

(4) 某些零件的尺寸在明细栏中已给出，如弹簧尺寸、垫片厚度、齿轮齿数和模数等，应经计算后注写。阀体的尺寸标注如图 10-23 所示。

2) 技术要求

标注零件的技术要求时，应根据零件在部件中的功用及与其他零件的相互关系，并结合结构与工艺方面的知识来确定，必要时也可参考同类产品的图样。

附　　录

附表 1　普通螺纹　直径与螺距系列(GB/T 193—2003、GB/T 196—2003) 单位：mm

标记示例：M20×1.5LH—6H(细牙普通螺纹、公称直径 $D = 20$、螺距 $P = 1.5$、左旋、中径和顶径公差带均为 6H、中等旋合长度)

公称直径 D、d		螺距 P		粗牙中径 D_2、d_2	粗牙小径 D_1、d_1
第一系列	第二系列	粗牙	细牙		
3		0.5	0.35	2.675	2.459
	3.5	(0.6)		3.110	2.850
4		0.7		3.545	3.242
	4.5	(0.75)	0.5	4.013	3.688
5		0.8		4.480	4.134
6		1	0.75, (0.5)	5.350	4.917
8		1.25	1, 0.75, (0.5)	7.188	6.647
10		1.5	1.25, 1, 0.75, (0.5)	9.026	8.376
12		1.75	1.5, 1.25, 1, (0.75), (0.5)	10.863	10.106
	14	2	1.5, 1.25*, 1, (0.75), (0.5)	12.701	11.835
16		2	1.5, 1, (0.75), (0.5)	14.701	13.835
	18	2.5	2, 1.5, 1, (0.75), (0.5)	16.376	15.294
20		2.5		18.376	17.294
	22	2.5	2, 1.5, 1, (0.75), (0.5)	20.376	19.294
24		3	2, 1.5, 1, (0.75)	22.051	20.752
	27	3	2, 1.5, 1, (0.75)	25.051	23.752
30		3.5	(3), 2, 1.5, 1, (0.75)	27.727	26.211
	33	3.5	(3), 2, 1.5, (1), (0.75)	30.727	29.211
36		4	3, 2, 1.5, (1)	33.402	31.670
	39	4		36.402	34.670
42		4.5		39.077	37.129
	45	4.5	(4), 3, 2, 1.5, (1)	42.077	40.129
48		5		44.752	42.587
	52	5		48.752	46.587

注：1. 优先选用第一系列，括号内的尺寸尽可能不用，第三系列未列入。

　　2. M14×1.25* 仅用于火花塞。

附表2 梯形螺纹直径与螺距系列(GB/T 5796.1—1986～GB/T 5796.3—2005)

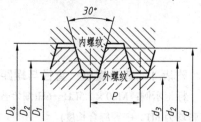

标记示例：

Tr40×14(P7)LH-8e(公称直径为 $d = 40$ mm，导程为 14 mm，螺距 $p = 7$ mm，中径公差带为 8e，双线左旋的梯形螺纹)

公称直径 d		螺距	中径	大径	小径		公称直径 d		螺距	中径	大径	小径	
第一系列	第二系列	P	$d_2 = D_2$	D_4	d_3	D_1	第一系列	第二系列	P	$d_2 = D_2$	D_4	d_3	D_1
8		1.5	7.25	8.30	6.20	6.50			3	24.50	26.50	22.50	23.00
	9	1.5	8.25	9.30	7.20	7.50		26	5	23.50	26.50	20.50	21.00
		2	8.00	9.50	6.50	7.00			8	22.00	27.00	17.00	18.00
10		1.5	9.25	10.30	8.20	8.50			3	26.50	28.50	24.50	25.00
		2	9.00	10.50	7.50	8.00	28		5	25.50	28.50	22.50	23.00
	11	2	10.00	11.50	8.50	9.00			8	24.00	29.00	19.00	20.00
		3	9.50	11.50	7.50	8.00			3	28.50	30.50	26.50	27.00
12		2	11.00	12.50	9.50	10.00		30	6	27.00	31.00	23.00	24.00
		3	10.50	12.50	8.50	9.00			10	25.00	31.00	19.00	20.00
	14	2	13.00	14.50	11.50	12.00			3	30.50	32.50	28.50	29.00
		3	12.50	14.50	10.50	11.00	32		6	29.00	33.00	25.00	26.00
16		2	15.00	16.50	13.50	14.00			10	27.00	33.00	21.00	22.00
		4	14.00	16.50	11.50	12.00			3	32.50	34.50	30.50	31.00
	18	2	17.00	18.50	15.50	16.00		34	6	31.00	35.00	27.00	28.00
		4	16.00	18.50	13.50	14.00			10	29.00	35.00	23.00	24.00
20		2	19.00	20.50	17.50	18.00			3	34.50	36.50	32.50	33.00
		4	18.00	20.50	15.50	16.00	36		6	33.00	37.00	29.00	30.00
	22	3	20.50	22.50	18.50	19.00			10	31.00	37.00	25.00	26.00
		5	19.50	22.50	16.50	17.00			3	36.50	38.50	34.50	35.00
		8	18.00	23.00	13.00	14.00		38	7	34.50	39.00	30.00	31.00
24		3	22.50	24.50	20.50	21.00			10	33.00	39.00	27.00	28.00
		5	21.50	24.50	18.50	19.00			3	38.50	40.50	36.50	37.00
		8	20.00	25.00	15.00	16.00	40		7	36.50	41.00	32.00	33.00
									10	35.00	41.00	29.00	30.00

注：1. 优先选用第一系列的直径，图中尺寸单位 mm。

　　 2. 螺纹的公差代号均只表示中径，旋合长度只有中等旋合长度(N)和长旋合长度(L)两种。

附表 3　55° 非螺纹密封管螺纹(GB/T 7307—2001)

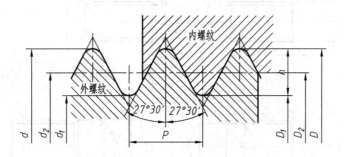

标记示例:

G2(尺寸代号 2、右旋的非螺纹密封管螺纹)

G1/2A-LH(尺寸代号 1/2、精度等级为 A、左旋的非螺纹密封管螺纹)

mm

尺寸代号	每 25.4 mm 内所含的牙数 n	螺距 P /mm	牙高 h /mm	圆弧半径 /mm	基本直径		
					大径 $d = D$ /mm	中径 $d_2 = D_2$ /mm	小径 $d_1 = D_1$ /mm
1/16	28	0.907	0.581	0.125	7.723	7.142	6.561
1/8	28	0.907	0.581	0.125	9.728	9.147	8.566
1/4	19	1.337	0.856	0.184	13.157	12.301	11.445
3/8	19	1.337	0.856	0.184	16.662	15.806	14.950
1/2	14	1.814	1.162	0.249	20.955	19.793	18.631
3/4	14	1.814	1.162	0.249	26.441	25.279	24.117
1	11	2.309	1.479	0.317	33.249	31.770	30.291
$1 \frac{1}{4}$	11	2.309	1.479	0.317	41.910	40.431	38.952
$1 \frac{1}{2}$	11	2.309	1.479	0.317	47.803	46.324	44.845
2	11	2.309	1.479	0.317	59.614	58.135	56.656
$2 \frac{1}{2}$	11	2.309	1.479	0.317	75.184	73.705	72.226
3	11	2.309	1.479	0.317	87.884	86.405	84.926
$3 \frac{1}{2}$	11	2.309	1.479	0.317	100.380	98.851	97.372
4	11	2.309	1.479	0.317	113.030	111.551	110.072
$4 \frac{1}{2}$	11	2.309	1.479	0.317	125.730	124.251	122.772
5	11	2.309	1.479	0.317	138.430	136.951	135.472
$5 \frac{1}{2}$	11	2.309	1.479	0.317	151.130	149.651	148.172
6	11	2.309	1.479	0.317	163.830	162.351	160.872

附表4　普通螺纹收尾、退刀槽和倒角(GB/T 3—1997)

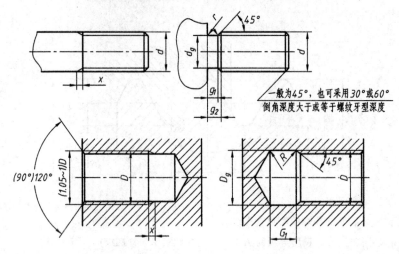

一般为45°，也可采用30°或60°
倒角深度大于或等于螺纹牙型深度

mm

螺距 P	粗牙螺纹大径 D、d	外螺纹							内螺纹			
		g_2 max	g_1 min	d_g	$r\approx$	x max		G_1		D_g	$R\approx$	X max	
						一般	短的	一般	短的			一般	短的
0.5	3	1.5	0.8	$d-0.8$	0.2	1.25	0.7	2	1	D+0.3	0.2	2	1
0.6	3.5	1.8	0.9	$d-1$	0.4	1.5	0.75	2.4	1.2		0.3	2.4	1.2
0.7	4	2.1	1.1	$d-1.1$		1.75	0.9	2.8	1.4		0.4	2.8	1.4
0.75	4.5	2.25	1.2	$d-1.2$		1.9	1	3	1.5			3	1.5
0.8	5	2.4	1.3	$d-1.3$		2	1	3.2	1.6			3.2	1.6
1	6, 7	3	1.6	$d-1.6$	0.6	2.5	1.25	4	2	D+0.5	0.5	4	2
1.25	8, 9	3.75	2	$d-2$		3.2	1.6	5	2.5		0.6	5	2.5
1.5	10, 11	4.5	2.5	$d-2.3$	0.8	3.8	1.9	6	3		0.8	6	3
1.75	12	5.25	3	$d-2.6$	1	4.3	2.2	7	3.5		0.9	7	3.5
2	14, 16	6	3.4	$d-3$		5	2.5	8	4		1	8	4
2.5	18, 20	7.5	4.4	$d-3.6$	1.2	6.3	3.2	10	5		1.2	10	5
3	24, 27	9	5.2	$d-4.4$	1.6	7.5	3.8	12	6		1.5	12	6
3.5	30, 33	10.5	6.2	$d-5$		9	4.5	14	7		1.8	14	7
4	36, 39	12	7	$d-5.7$	2	10	5	16	8		2	16	8
4.5	42, 45	13.5	8	$d-6.4$	2.5	11	5.5	18	9		2.2	18	9
5	48, 52	15	9	$d-7$		12.5	6.3	20	10		2.5	20	10
5.5	56, 60	17.5	11	$d-7.7$	3.2	14	7	22	11		2.8	22	11
6	64, 68	18	11	$d-8.3$		15	7.5	24	12		3	24	12

注：1. D、d 为内外螺纹公称直径。优先采用一般长度的收尾。

2. d_g 公差：$d>3$ mm 时为 h13，$d\leqslant 3$ mm 时为 h12；D_g 公差为 H13。

附表5　六角头螺栓 ［GB/T 5782—2000(半螺纹)、GB/T 5783—2000(全螺纹)］

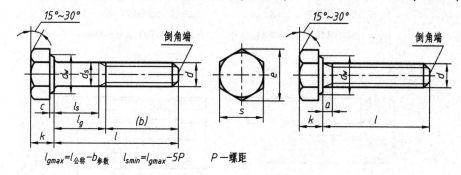

$l_{gmax} = l_{公称} - b_{参数}$　　$l_{smin} = l_{gmax} - 5P$　　　$P-螺距$

标记示例：

螺栓　GB/T　5782　M12×80(螺纹规格 d = M12、公称长度 l = 80 mm，性能等级为8.8级、表面氧化、产品等级为 A 级的六角头螺栓)

螺栓　GB/T　5783　M12×80(螺纹规格 d = M12、公称长度 l = 80 mm，性能等级为8.8级、表面氧化、全螺纹、A 级的六角头螺栓)

mm

螺纹规格 d			M3	M4	M5	M6	M8	M10	M12	M16	M20	M24	M30	M36
e min	产品 等级	A	6.07	7.66	8.79	11.05	14.38	17.77	20.03	26.75	33.53	39.98	50.85	60.79
		B	—	—	8.63	10.89	14.20	17.59	19.85	26.17	32.95	39.55		
s	max=公称		5.5	7	8	10	13	16	18	24	30	36	46	55
k 公称			2	2.8	3.5	4	5.3	6.4	7.5	10	12.5	15	18.7	22.5
c	max		0.4	0.4	0.5	0.5	0.6	0.6	0.6	0.8	0.8	0.8	0.8	0.8
	min		0.15							0.2				
d_w min	产品 等级	A	4.6	5.9	6.9	8.9	11.6	14.6	16.6	22.5	28.2	33.6	42.71	51.1
		B	—	—	6.7	8.7	11.4	14.4	16.4	22	27.7	33.2		
GB/T 5782	b 参考	l≤125	12	14	16	18	22	26	30	38	46	54	66	78
		125< l≤200	—	—	—	—	28	32	36	44	52	60	72	84
		l>200	—	—	—	—	—	—	—	57	65	73	85	97
	l 范围		20~30	25~40	25~50	30~60	35~80	40~100	45~120	55~160	65~200	80~240	90~300	110~360
GB/T 5783	α　max		1.5	2.1	2.4	3	3.75	4.5	5.25	6	7.5	9	10.5	12
	l 范围		6~30	8~40	10~50	12~60	16~80	20~100	25~100	35~100	40~100			
l 系列			6, 8, 10, 12, 16, 20, 25, 30, 35, 40, 45, 50, (55), 60, (65), 70, 80, 90, 100, 110, 120, 130, 140, 150, 160, 180, 200, 220, 240, 260, 280, 300, 320, 340, 360, 380, 400											

注：1. 末端按 GB/T 2—1985 规定；螺纹公差6g；力学性能等级为8.8。

　　2. 产品等级 A(用于 d≤24 和 l≤10d 或≤150 mm)；B(用于 d>24 和 l>10d 或 >150 mm)

附表6　双头螺柱

$b_m = 1d$(GB/T 897—1988)　　　　　　$b_m = 1.25d$(GB/T 898—1988)

$b_m = 1.5d$(GB/T 899—1988)　　　　　　$b_m = 2d$(GB/T 900—1988)

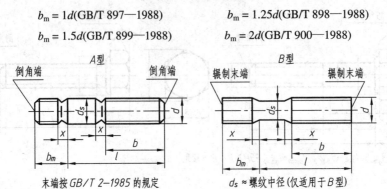

末端按 *GB/T 2-1985* 的规定　　　　　　$d_s ≈$ 螺纹中径(仅适用于 *B* 型)

标记示例:

螺柱　GB/T 897 M10 × 50 (两端均为粗牙普通螺纹, d = 10 mm、l = 50 mm、性能等级为 4.8 级、不经表面处理、B 型、b_m = 1d 的双头螺柱)

螺柱　GB/T 898 AM10-M10 × 1 × 50 (旋入端为粗牙普通螺纹, 与螺母相连一端螺距 P = 1 mm 的细牙普通螺纹, d = 10 mm、l = 50 mm、性能等级为 4.8 级、A 型、b_m = 1.25d 的双头螺柱)

mm

螺纹规格	b_m 公称				d_s		x	b	l 公称
d	GB/T 897	GB/T 898	GB/T 899	GB/T 900	max	min	max		
M5	5	6	8	10	5	4.7		10	16～20
								16	25～50
M6	6	8	10	12	6	5.7		10	20, (22)
								14	25, (28), 30
								18	35～70
M8	8	10	12	16	8	7.64		12	20
								16	25, (28), 30
								22	35～90
M10	10	12	15	20	10	9.64		14	25, (28)
								16	30, (32), 35
								26	40～120
								32	130
M12	12	15	18	24	12	11.57	1.5P	16	25, 30
								20	35, 40
								30	45～120
								36	130～180
M16	16	20	24	32	16	15.57		20	30, (32), 35
								30	40～50
								38	60～120
								44	130～180
M20	20	25	30	40	20	19.48		25	35, 40
								35	45～60
								46	70～120
								52	130～200
l 系列	16, (18), 20, (22), 25, (28), 30, (32), 35, (38), 40, 45, 50, (55), 60, (65), 70, (75), 80, (85), 90, (95), 100, 110, 120, 130, 140, 150, 160, 170, 180, 190, 200								

附表7　开槽圆柱头螺钉；　　开槽盘头螺钉；　　开槽沉头螺钉
　　　　(GB/T 65—2000)　　　(GB/T 67—2000)　　(GB/T 68—2000)

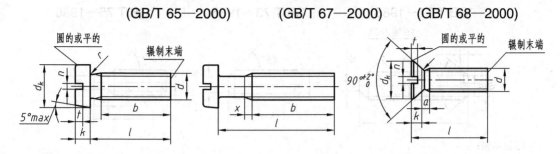

标记示例：

螺钉　GB/T65　M5×20(螺纹规格 d = M5、公称长度 l = 20 mm、性能等级 4.8 级、不经表面处理的 A 级开槽圆柱头螺钉)

螺钉　GB/T68　M5×20(螺纹规格 d = M5、公称长度 l = 20 mm、性能等级 4.8 级、不经表面处理的 A 级开槽沉头螺钉)

mm

螺纹规格 d		M1.6	M2	M2.5	M3	M4	M5	M6	M8	M10
	d_k	3.0	3.8	4.5	5.5	7	8.5	10	13	16
	k	1.1	1.4	1.8	2.0	2.6	3.3	3.9	5	6
GB/	t	0.45	0.6	0.7	0.85	1.1	1.3	1.6	2	2.4
T65-	r	0.1	0.1	0.1	0.1	0.2	0.2	0.25	0.4	0.4
2000	l	2～16	3～20	3～25	4～30	5～40	6～50	8～60	10～80	12～80
	全螺纹长	16	20	25	30	40	40	40	40	40
	d_k	3.2	4	5	5.6	8	9.5	12	16	20
	k	1	1.3	1.5	1.8	2.4	3	3.6	4.8	6
GB/	t	0.35	0.5	0.6	0.7	1	1.2	1.4	1.9	2.4
T67-	r	0.1	0.1	0.1	0.1	0.2	0.2	0.25	0.4	0.4
2000	l	2～16	2.5～20	3～25	4～30	5～40	6～50	8～60	10～80	12～80
	全螺纹长	16	20	25	30	40	40	40	40	40
	d_k	3	3.8	4.7	5.5	8.4	9.3	11.3	15.8	18.3
	k	1	1.2	1.5	1.65	2.7	2.7	3.3	4.65	5
GB/	t	0.32	0.4	0.5	0.6	1	1.1	1.2	1.8	2
T68-	r	0.4	0.5	0.6	0.8	1	1.3	1.5	2	2.5
2000	l	2.5～16	3～20	4～25	5～30	6～40	8～50	8～60	10～80	12～80
	全螺纹长	16	20	25	30	40	45	45	45	45
P(螺距)		0.35	0.4	0.45	0.5	0.7	0.8	1	1.25	1.5
n		0.4	0.5	0.6	0.8	1.2	1.2	1.6	2	2.5
b		25					38			
l 系列		2, 2.5, 3, 4, 5, 6, 8, 10, 12, (14), 16, 20, 25, 30, 35, 40, 45, 50, (55), 60, (65), 70, (75), 80								

附表 8　开槽锥端紧定螺钉　　　开槽平端紧定螺钉　　　开槽长圆柱端紧定螺钉
　　　　GB/T 71—1985　　　　　　GB/T 73—1985　　　　　　GB/T 75—1985

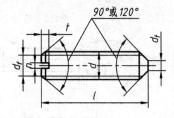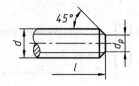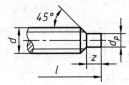

标记示例：

螺钉　GB/T 73 M5×12(螺纹规格 d = M5、公称长度 l = 12 mm、性能等级 14H 级、表面氧化处理的开槽平端紧定螺钉)

mm

螺纹规格 d		M1.6	M2	M2.5	M3	M4	M5	M6	M8	M10	M12
螺距 P		0.35	0.4	0.45	0.5	0.7	0.8	1	1.25	1.5	1.75
d_f	≈	螺纹小径									
d_t	min	—	—	—	—	—	—	—	—	—	—
	max	0.16	0.2	0.25	0.3	0.4	0.5	1.5	2	2.5	3
d_p	min	0.55	0.75	1.25	1.75	2.25	3.2	3.7	5.2	6.64	8.14
	max	0.8	1	1.5	2	2.5	3.5	4	5.5	7	8.5
n	公称	0.25	0.25	0.4	0.4	0.6	0.8	1	1.2	1.6	2
	min	0.31	0.31	0.46	0.46	0.66	0.86	1.06	1.26	1.66	2.06
	max	0.45	0.45	0.6	0.6	0.8	1	1.2	1.51	1.91	2.31
t	min	0.56	0.64	0.72	0.8	1.12	1.28	1.6	2	2.4	2.8
	max	0.74	0.84	0.95	1.05	1.42	1.63	2	2.5	3	3.6
z	min	0.8	1	1.25	1.5	2	2.5	3	4	5	6
	max	1.05	1.25	1.5	1.75	2.25	2.75	3.25	4.3	5.3	6.3
GB/T71	l 公称长度	2～8	3～10	3～12	4～16	6～20	8～25	8～30	10～40	12～50	14～60
	l(短螺钉)	2～2.5	2～2.5	2～3	2～3	2～4	2～5	2～6	2～8	2～10	2～12
GB/T73	l 公称长度	2～8	2～10	2.5 -12	3～16	4～20	5～25	6～30	8～30	10～50	12～60
	l 短螺钉	2	2～2.5	2～3	2～3	2～4	2～5	2～6	2～6	2～8	2～10
GB/T75	l 公称长度	2.8～8	3～10	4～12	5～16	6～20	8～25	8～30	10～40	12～50	14～60
	l 短螺钉	2～2.5	2～3	2～4	2～5	2～6	2～8	2～10	2～14	2～16	2～20
l 系列		2, 2.5, 3, 4, 5, 6, 8, 10, 12, (14), 16, 20, 25, 30, 40, 45, 50, (55), 60									

注：1. 尽可能不采用括号内的规格。

　　2. 公称长度为商品规格尺寸。

附表 9　Ⅰ型六角头螺母(GB/T 6170—2000)

标记示例:

螺母 GB/T 6170 M12(螺纹规格 D = M12,性能等级为 10 级、不经表面处理、产品等级为 A 级的Ⅰ型六角头螺母)

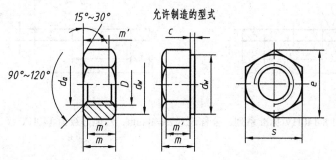

mm

螺纹规格 D		M1.6	M2	M2.5	M3	M4	M5	M6	M8
细牙 $D \times P$		—	—	—	—	—	—	—	M8 × 1
C	max	0.2			0.3		0.4		0.5
d_a	max	1.84	2.3	2.9	3.45	4.6	5.75	6.75	8.75
	min	1.60	2.0	2.5	3.00	4.0	5.00	6.00	8.00
d_w	min	2.4	3.1	4.1	4.6	5.9	6.9	8.9	11.6
e	min	3.41	4.32	5.45	6.01	7.66	8.79	11.05	14.38
m	max	1.3	1.6	2	2.4	3.2	4.7	5.2	6.8
	min	1.05	1.35	1.75	2.15	2.9	4.4	4.9	6.44
m'	min	0.8	1.1	1.4	1.7	2.3	3.5	3.9	5.1
m''	min	0.7	0.9	1.2	1.5	2	3.1	3.4	4.5
s	max	3.2	4	5	5.5	7	8	10	13
	min	3.02	3.82	4.82	5.32	6.78	7.78	9.78	12.73

螺纹规格 D		M10	M12	M16	M20	M24	M30	M36	
细牙 $D \times P$		M10 × 1	M12 × 1.5	M16 × 1.5	M20 × 2	M24 × 2	M30 × 2	M36 × 2	
C	max	0.6			0.8				
d_a	max	10.8	13	17.30	21.6	25.9	32.4	38.9	
	min	10.0	12	16	20	24	30	36	
d_w	min	14.6	16.6	22.5	27.7	33.2	42.7	51.1	
e	min	17.77	20.03	26.75	32.95	39.55	50.85	60.79	
m	max	8.4	10.8	14.8	18	21.5	25.6	31	
	min	8.04	10.37	14.1	16.9	20.2	24.3	29.4	
m''	min	6.4	8.3	11.3	13.5	16.2	19.4	23.5	
m''	min	5.6	7.3	9.9	11.8	14.1	17	20.6	
s	max	16	18	24	30	36	46	55	
	min	15.73	17.73	23.67	29.16	35	45	53.8	

注:1. A 级用于 $D \leqslant 16$ 的螺母;B 级用于 $D > 16$ 的螺母,C 级用于 $D \geqslant 5$ 的螺母。

2. 螺纹公差 A、B 为 H,C 为 7H;力学性能等级 A、B 为 6、8、10 级,C 为 4、5 级。

附表 10　平垫圈——A级(GB/T 97.1—2002)　平垫圈 导角型——A级(GB/T 97.2—2002)

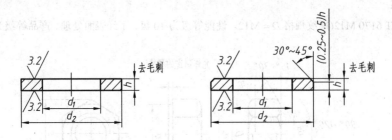

标记示例:

垫圈 GB/T 97.1 8-140HV(标准系列、公称尺寸 $d = 8$ mm、性能等级为 140HV 级、不经表面处理的平垫圈)

mm

公称尺寸 (规格)d	3	4	5	6	8	10	12	14	16	20	24	30	36
内径 d_1	3.2	4.3	5.3	6.4	8.4	10.5	13	1	17	21	25	31	37
外径 d_2	7	9	10	12	16	20	24	28	30	37	44	56	66
厚度 h	0.5	0.8	1	1.6	1.6	2	2.5	2.5	3	3	4	4	5

注: 1. A级用于精装配系列; C级用于中等装配系列。

　　2. A级机械性能有 140HV、200HV、300HV(材料: 钢); C级有 100HV。

附表 11　标准型弹簧垫圈(GB/T 93—1987)、轻型弹簧垫圈(GB/T 859—1987)(材料: 钢)

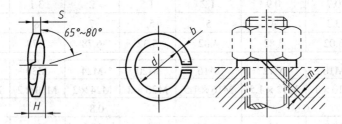

标记示例:

垫圈 GB/T 93 16 (标准系列, 规格 16 mm、材料为 65Mn、表面氧化的标准型弹簧垫圈)

mm

规格 (螺纹 大径)	4	5	6	8	10	12	16	20	24	30	36	42	48
$d_{\min}$	4.1	5.1	6.1	8.1	10.2	12.2	16.2	20.2	24.5	30.5	36.5	42.5	48.5
$S = b$ 公称	1.1	1.3	1.6	2.1	2.6	3.1	4.1	5	6	7.5	9	10.5	12
$M \leqslant$	0.55	0.65	0.8	1.05	1.3	1.55	2.05	2.5	3	3.75	4.5	5.25	6
$H_{\max}$	2.75	3.25	4	5.25	6.5	7.75	10.25	12.5	15	18.75	22.5	26.25	30

附表 12 普通平键

平键及键槽的断面尺寸(GB/T 1095—2003) 普通平键的型式(GB/T 1096—2003)

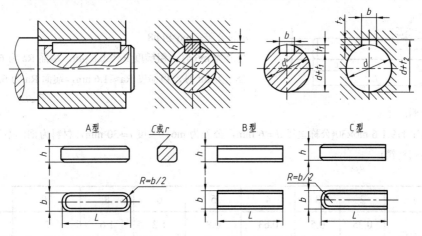

标记示例:

GB/T 1096—2003 键 18×11×100(圆头普通平键(A 型)、$b = 18$ mm、$h = 11$ mm、$L = 100$ mm)

GB/T 1096—2003 键 B 18×11×100(平头普通平键(B 型)、$b = 18$ mm、$h = 11$ mm、$L = 100$ mm)

mm

公称轴径 d	公称尺寸 $b×h$	L	键 槽										
			宽度 b					深度				半径 r	
			b	极限偏差					轴 t_1		毂 t_2			
				较松连接		正常连接		较紧连接	基本尺寸	极限偏差	基本尺寸	极限偏差		
				轴 H9	毂 D10	轴 N9	毂 Js9	轴和毂 P9					min	max
>10~12	4×4	8~45	4	+0.030	+0.078	0		−0.012	2.5	+0.1	1.8	+0.1	0.08	0.16
>12~17	5×5	10~56	5				±0.015		3.0		2.3			
>17~22	6×6	14~70	6	0	+0.030	−0.030		−0.042	3.5	0	2.8	0	0.16	0.25
>22~30	8×7	18~90	8	+0.036	+0.098	0		−0.015	4.0		3.3			
>30~38	10×	22~	10				±0.018		5.0		3.3			
>38~44	12×	28~	12	0	+0.040	−0.036		−0.051	5.0		3.3			
>44~50	14×	36~16	14	+0.043	+0.120	0		+0.018	5.5		3.8		0.25	0.40
>50~58	16×10	45~	16				±0.026		6.0	+0.2	4.3	+0.2		
>58~65	18×11	50~	18	0	+0.050	−0.043		−0.061	7.0	0	4.4	0		
>65~75	20×12	56~	20	+0.052	+0.149	0		+0.022	7.5		4.9			
>75~85	22×14	63~	22				±0.031		9.0		5.4		0.40	0.60
>85~95	25×14	70~	25	0	+0.065	−0.052		−0.074	9.0		5.4			
>95~110	28×16	80~	28						10		6.4			

注:1. 在工作图中,轴槽深用$(d−t_1)$或 t_1 表示,轮毂槽深用$(d + t_2)$表示。

　　2. $(d−t_1)$和$(d + t_2)$两组组合尺寸的极限偏差按相应的 t_1 和 t_2 的极限偏差选取,但$(d−t_1)$极限偏差应取负号(−)。

　　3. L系列:6、8、10、12、14、16、18、20、22、25、28、32、36、40、45、50、56、63、70、80、90、100、110…

附表 13 圆 柱 销

不淬硬钢和奥氏体不锈钢(GB/T 119.1—2000)；淬硬钢和马氏体不锈钢(GB/T 119.2—2000)

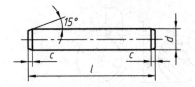

d 的公差：m6 和 h8

公差为 m6 时，粗糙度 Ra≤0.8 μm，端面 Ra 为 6.3

公差为 h8 时，粗糙度 Ra≤1.6 μm，端面 Ra 为 6.3

标记示例：

销 GB/T 119.1 6 m6×30(公称直径 d = 6 mm，公差为 m6，长度 l = 30 mm，材料为钢，不淬火，不经表面处理的圆柱销)

mm

d(公称)		2	3	4	5	6	8	10	12
c≈		0.35	0.5	0.63	0.8	1.2	1.6	2	2.5
l	GB/T 119.1	6～20	8～30	8～40	10～50	12～60	14～80	18～95	22～140
	GB/T 119.2	5～20	8～30	10～40	12～50	14～60	18～80	22～100	26～100
	l系列	3，4，5，6，8，10，12，14，16，18，20，22，24，26，28，30，32，35，40，45，50，55，60，65，70，75，80，85，90，95，100，120，140，160，180，200…								

附表 14 　圆锥销 　(GB/T 117—2000)

d 的公差：h10

A 型(磨削)，锥表面粗糙度 Ra = 0.8 μm，端面 Ra 为 6.3

B 型(切削或冷镦)，锥表面粗糙度 Ra = 3.2 μm，端面 Ra 为 6.3

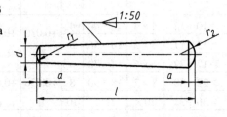

$$r_1 \approx d, \quad r_2 \approx \frac{a}{2} + d + \frac{(0.021)^2}{8a}$$

标记示例：

销 GB/T 117 6 × 30(公称直径 d = 6 mm，长度 l = 30 mm，材料为 35 钢，热处理硬度为 28～38HRC，表面氧化处理的 A 型圆锥销)

mm

d(公称)	2	3	4	5	6	8	10	12
A≈	0.25	0.4	0.5	0.63	0.8	1.0	1.2	1.6
L 范围	10～35	12～45	14～55	18～60	22～90	22～120	26～160	32～180
l系列	3，4，5，6，8，10，12，14，16，18，20，22，24，26，28，30，32，35，40，45，50，55，60，65，70，75，80，85，90，95，100，120，140，160，180，200…							

注：1. d 的其他公差，如 a11、c11、f8 由供需双方协商。

　　2. 公称长度大于 200 mm，按 20 mm 递增。

附表 15　滚动轴承

深沟球轴承(GB/T 276—1994)　圆锥滚子轴承(GB/T 297—1994)　推力球轴承(GB/T 301—1995)

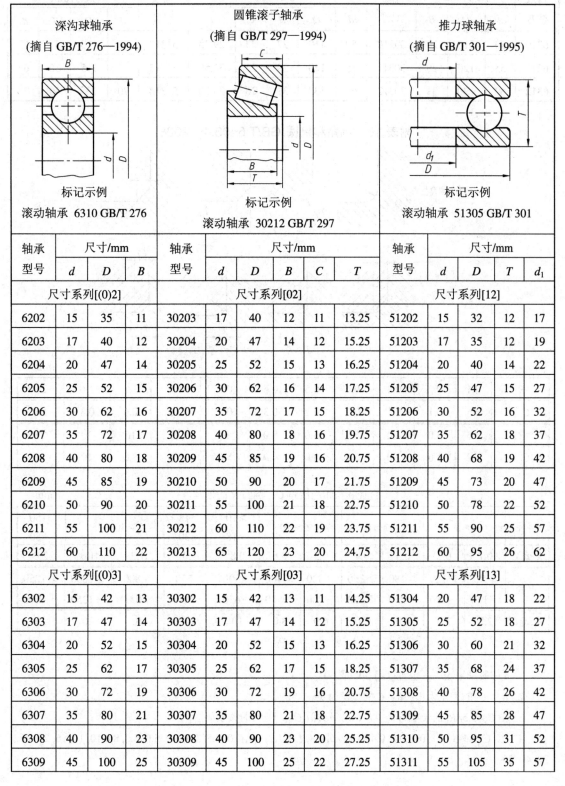

深沟球轴承
(摘自 GB/T 276—1994)

圆锥滚子轴承
(摘自 GB/T 297—1994)

推力球轴承
(摘自 GB/T 301—1995)

标记示例
滚动轴承 6310 GB/T 276

标记示例
滚动轴承 30212 GB/T 297

标记示例
滚动轴承 51305 GB/T 301

轴承型号	尺寸/mm			轴承型号	尺寸/mm					轴承型号	尺寸/mm			
	d	D	B		d	D	B	C	T		d	D	T	d_1
尺寸系列[(0)2]				尺寸系列[02]						尺寸系列[12]				
6202	15	35	11	30203	17	40	12	11	13.25	51202	15	32	12	17
6203	17	40	12	30204	20	47	14	12	15.25	51203	17	35	12	19
6204	20	47	14	30205	25	52	15	13	16.25	51204	20	40	14	22
6205	25	52	15	30206	30	62	16	14	17.25	51205	25	47	15	27
6206	30	62	16	30207	35	72	17	15	18.25	51206	30	52	16	32
6207	35	72	17	30208	40	80	18	16	19.75	51207	35	62	18	37
6208	40	80	18	30209	45	85	19	16	20.75	51208	40	68	19	42
6209	45	85	19	30210	50	90	20	17	21.75	51209	45	73	20	47
6210	50	90	20	30211	55	100	21	18	22.75	51210	50	78	22	52
6211	55	100	21	30212	60	110	22	19	23.75	51211	55	90	25	57
6212	60	110	22	30213	65	120	23	20	24.75	51212	60	95	26	62
尺寸系列[(0)3]				尺寸系列[03]						尺寸系列[13]				
6302	15	42	13	30302	15	42	13	11	14.25	51304	20	47	18	22
6303	17	47	14	30303	17	47	14	12	15.25	51305	25	52	18	27
6304	20	52	15	30304	20	52	15	13	16.25	51306	30	60	21	32
6305	25	62	17	30305	25	62	17	15	18.25	51307	35	68	24	37
6306	30	72	19	30306	30	72	19	16	20.75	51308	40	78	26	42
6307	35	80	21	30307	35	80	21	18	22.75	51309	45	85	28	47
6308	40	90	23	30308	40	90	23	20	25.25	51310	50	95	31	52
6309	45	100	25	30309	45	100	25	22	27.25	51311	55	105	35	57

轴承型号	尺寸/mm			轴承型号	尺寸/mm					轴承型号	尺寸/mm			
	d	D	B		d	D	B	C	T		d	D	T	d_1
6310	50	110	27	30310	50	110	27	23	29.25	51312	60	110	35	62
6311	55	120	29	30311	55	120	29	25	31.50	51313	65	115	36	67
6312	60	130	31	30312	60	130	31	26	33.50	51314	70	125	40	72

附表 16　倒角和倒圆(GB/T 6403.4—2008)

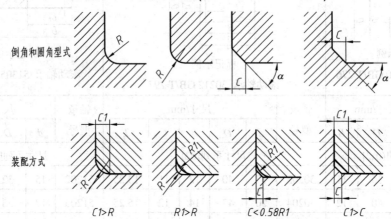

倒角和圆角型式

装配方式

C1>R　　　R1>R　　　C<0.58R1　　　C1>C

mm

R_1	0.1	0.2	0.3	0.4	0.5	0.6	0.8	1.0	1.2	1.6	2.0
C_{max}	—	0.1	0.1	0.2	0.2	0.3	0.4	0.5	0.6	0.8	1.0
R_1	2.5	3.0	4.0	5.0	6.0	8.0	10	12	16	20	25
C_{max}	1.2	1.6	2.0	2.5	3.0	4.0	5.0	6.0	8.0	10	12

直径 ϕ 与相应倒角 C、倒圆 R 的推荐值　　　　　mm

直径	~3		>3~6		>6~10		>10~18	>18~30	>30~35		>50~80
R 或 C	0.1	0.2	0.3	0.4	0.5	0.6	0.8	1.0	1.2	1.6	2.0
直径	>80~120	>120~180	>180~250	>250~320	>320~400	>400~500	>500~630	>630~800	>800~1000	>1000~1250	>1250~1600
R 或 C	2.5	3.0	4.0	5.0	6.0	8.0	10	12	16	20	25

注:

1. α 一般采用 45°，也可以用 30° 或 60°。

2. R_1、C_1 的偏差为正；R、C 的偏差为负。

3. 在 $C<0.58R_1$ 的装配方式中，C 的最大值 C_{max} 与 R_1 的关系如图。

4. R、C 系列：0.1, 0.2 ,0.3, 0.4, 0.5, 0.6, 0.8, 1.0, 1.2, 1.6, 2.0, 2.5, 3.0, 4.0, 5.0, 6.0, 8.0,10, 12, 16, 20, 25, 32, 40, 50

附表 17 砂轮越程槽(用于回转面和端面)(摘自 GB/T 6403.5—2008)

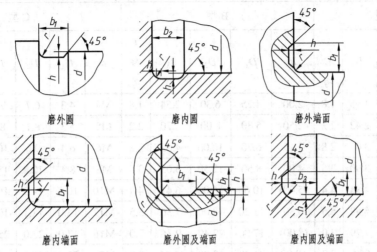

磨外圆　　　　　磨内圆　　　　　磨外端面

磨内端面　　　　磨外圆及端面　　　　磨内圆及端面

mm

b_1	0.6	1.0	1.6	2.0	3.0	4.0	5.0	8.0	10
b_2	2.0	3.0		4.0			5.0	8.0	10
h	0.1	0.2		0.3	0.4		0.6	0.8	1.2
r	0.2	0.5		0.8	1.0		1.6	2.0	3.0
d	$\sim$10			$>$10$\sim$15		$>$50$\sim$100		$>$100	

注:

1. 越程槽内二直线相交处,不允许产生尖角;

2. 越程槽深度 h 与圆弧半径 r 要满足 $r \leqslant 3h$;

3. 磨削具有多个直径的工件时,可使用同一规格的越程槽;

4. 直径 d 值大的零件,允许选择小规格的砂轮越程槽。

附表 18 中心孔的形式与尺寸(GB/T 145—2001);中心孔表示法(GB/T 4459.5—1999)

中心孔的形式:

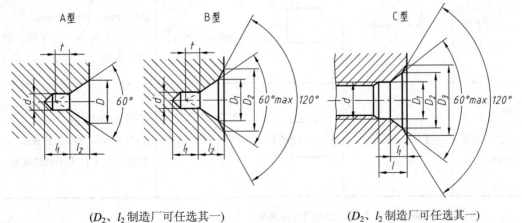

A型　　　　　　　B型　　　　　　　C型

(D_2、l_2 制造厂可任选其一)　　　　　　(D_2、l_2 制造厂可任选其一)

中 心 孔　　　　　　　　　　　　　　　　　　　　　　　mm

A 型				B 型					C 型					
d	D	l_2	t 参考	d	D_1	D_2	l_2	t 参考	d	D_1	D_2	D_3	l	l_1 参考
2.00	4.25	1.95	1.8	2.00	4.25	6.30	2.54	1.8	M4	4.3	6.7	7.4	3.2	2.1
2.50	5.30	2.42	2.2	2.50	5.30	8.00	3.20	2.2	M5	5.3	8.1	8.8	4.0	2.4
3.15	6.70	3.07	2.8	3.15	6.70	10.00	4.03	2.8	M6	6.4	9.6	10.5	5.0	2.8
4.00	8.50	3.90	3.5	4.00	8.50	12.50	5.05	3.5	M8	8.4	12.2	13.2	6.0	3.3
(5.00)	10.60	4.85	4.4	(5.00)	10.60	16.00	6.41	4.4	M10	10.5	14.9	16.3	7.5	3.8
6.30	13.20	5.98	5.5	6.30	13.20	18.00	7.36	5.5	M12	13.0	18.1	19.8	9.5	4.4
(8.00)	17.00	7.79	7.0	(8.00)	17.00	22.40	9.36	7.0	M16	17.0	23.0	25.3	12.0	5.2
10.00	21.20	9.70	8.7	10.00	21.20	28.00	11.66	8.7	M20	21.0	28.4	31.3	15.0	6.4

注:

1. 尺寸 l_1 取决于中心钻的长度, 此值不能小于 t 值(对 A 型、B 型);

2. 括号内的尺寸尽量不采用;

3. R 型中心孔未列入。

中心孔表示法(GB/T 4459.5—1999)

要　求	符　号	表示法示例	说　明
在完工的零件上要求保留中心孔		GB/T 4459.5-B2.5/8	采用 B 型中心孔 $d = 2.5$ mm、$D_2 = 8$ mm 在完工的零件上要求保留
在完工的零件上可以保留中心孔		GB/T 4459.5-A4/8.5	采用 A 型中心孔 $d = 4$ mm、$D = 8.5$ mm 在完工的零件上可保留, 也可不保留
在完工的零件上不允许保留中心孔		GB/T 4459.5-A1.6/3.35	采用 A 型中心孔 $d = 1.6$ mm、$D = 3.35$ mm 在完工的零件上不允许保留

注: 在不致引起误解时, 可省略标记中的标准编号。

附表 19　优先配合中轴的极限偏差(GB/T 1801—2009)

优先配合中轴的上、下极限偏差数值参照(GB/T 1800.1—2009)和(GB/T 1800.2—2009)

μm

公称尺寸 mm	c	d	f	g	h	h	h	h	k	n	p	s	u
代号和等级	11	9	7	6	6	7	9	11	6	6	6	6	6
≤3	−60 −120	−20 −45	−6 −16	−2 −8	0 −6	0 −10	0 −25	0 −60	+6 0	+10 +4	+12 +6	+20 +14	+24 +18
>3~6	−70 −145	−30 −60	−10 −22	−4 −12	0 −8	0 −12	0 −30	0 −75	+9 +1	+16 +8	+20 +12	+27 +19	+31 +23
>6~10	−80 −170	−40 −76	−13 −28	−5 −14	0 −9	0 −15	0 −36	0 −90	+10 +1	+19 +10	+24 +15	+32 +23	+37 +28
>10~14	−95 −205	−50 −93	−16 −34	−6 −17	0 −11	0 −18	0 −43	0 −110	+12 +1	+23 +12	+29 +18	+39 +28	+44 +33
>14~18	−95 −205	−50 −93	−16 −34	−6 −17	0 −11	0 −18	0 −43	0 −110	+12 +1	+23 +12	+29 +18	+39 +28	+44 +33
>18~24	−110 −240	−65 −117	−20 −41	−7 −20	0 −13	0 −21	0 −52	0 −130	+15 +2	+28 +15	+35 +22	+48 +35	+54 +41
>24~30	−110 −240	−65 −117	−20 −41	−7 −20	0 −13	0 −21	0 −52	0 −130	+15 +2	+28 +15	+35 +22	+48 +35	+61 +48
>30~40	−120 −280	−80 −142	−25 −50	−9 −25	0 −16	0 −25	0 −62	0 −160	+18 +2	+33 +17	+42 +26	+59 +43	+76 +60
>40~50	−130 −290	−80 −142	−25 −50	−9 −25	0 −16	0 −25	0 −62	0 −160	+18 +2	+33 +17	+42 +26	+59 +43	+86 +70
>50~60	−140 −330	−100 −174	−30 −60	−10 −29	0 −19	0 −30	0 −74	0 −190	+21 +2	+39 +20	+51 +32	+72 +53	+106 +87
>65~80	−150 −340	−100 −174	−30 −60	−10 −29	0 −19	0 −30	0 −74	0 −190	+21 +2	+39 +20	+51 +32	+78 +59	+121 +102
>80~100	−170 −390	−120 −207	−36 −71	−12 −34	0 −22	0 −35	0 −87	0 −220	+25 +3	+45 +23	+59 +37	+93 +71	+146 +124
>100~120	−180 −400	−120 −207	−36 −71	−12 −34	0 −22	0 −35	0 −87	0 −220	+25 +3	+45 +23	+59 +37	+101 +79	+166 +144
>120~140	−200 −450	−145 −245	−43 −83	−14 −39	0 −25	0 −40	0 −100	0 −250	+28 +3	+52 +27	+68 +43	+117 +92	+195 +170
>140~160	−210 −460	−145 −245	−43 −83	−14 −39	0 −25	0 −40	0 −100	0 −250	+28 +3	+52 +27	+68 +43	+125 +100	+215 +190
>160~180	−230 −480	−145 −245	−43 −83	−14 −39	0 −25	0 −40	0 −100	0 −250	+28 +3	+52 +27	+68 +43	+133 +108	+235 +210
>180~200	−240 −530	−170 −285	−50 −96	−15 −44	0 −29	0 −46	0 −115	0 −290	+33 +4	+60 +31	+79 +50	+151 +122	+265 +236
>200~225	−260 −550	−170 −285	−50 −96	−15 −44	0 −29	0 −46	0 −115	0 −290	+33 +4	+60 +31	+79 +50	+159 +130	+287 +258
>225~250	−280 −570	−170 −285	−50 −96	−15 −44	0 −29	0 −46	0 −115	0 −290	+33 +4	+60 +31	+79 +50	+169 +140	+313 +284
>250~280	−300 −620	−190 −320	−56 −108	−17 −49	0 −32	0 −52	0 −130	0 −320	+36 +4	+66 +34	+88 +56	+190 +158	+347 +315
>280~315	−330 −650	−190 −320	−56 −108	−17 −49	0 −32	0 −52	0 −130	0 −320	+36 +4	+66 +34	+88 +56	+202 +170	+382 +350
>315~335	−360 −720	−210 −350	−62 −119	−18 −54	0 −36	0 −57	0 −140	0 −360	+40 +4	+73 +37	+98 +62	+226 +190	+426 +390
>355~400	−400 −760	−210 −350	−62 −119	−18 −54	0 −36	0 −57	0 −140	0 −360	+40 +4	+73 +37	+98 +62	+244 +208	+471 +435
>400~450	−440 −840	−230 −385	−68 −131	−20 −60	0 −40	0 −63	0 −155	0 −400	+45 +5	+80 +40	+108 +68	+272 +232	+530 +490
>450~500	−480 −880	−230 −385	−68 −131	−20 −60	0 −40	0 −63	0 −155	0 −400	+45 +5	+80 +40	+108 +68	+292 +252	+580 +540

附表 20　优先配合中孔的极限偏差(GB/T 1801—2009)

优先配合中孔的上、下极限偏差数值参照(GB/T 1800.1—2009)和(GB/T 1800.2—2009)

μm

公称尺寸 mm（代号和等级）	C 11	D 9	F 8	G 7	H 7	H 8	H 9	H 11	K 7	N 7	P 7	S 7	U 7
≤3	+120 +60	+45 +20	+20 +6	+12 +2	+10 0	+14 0	+25 0	+60 0	0 -10	-4 -14	-6 -16	-14 -24	-18 -28
>3~6	+145 +70	+60 +30	+28 +10	+16 +4	+12 0	+18 0	+30 0	+75 0	+3 -9	-4 -16	-8 -20	-15 -27	-19 -31
>6~10	+170 +80	+76 +40	+35 +13	+20 +5	+15 0	+22 0	+36 0	+90 0	+5 -10	-4 -19	-9 -24	-17 -32	-22 -37
>10~14	+205 +95	+93 +50	+43 +16	+24 +6	+18 0	+27 0	+43 0	+110 0	+6 -12	-5 -23	-11 -29	-21 -39	-26 -44
>14~18	+205 +95	+93 +50	+43 +16	+24 +6	+18 0	+27 0	+43 0	+110 0	+6 -12	-5 -23	-11 -29	-21 -39	-26 -44
>18~24	+240 +110	+117 +65	+53 +20	+28 +7	+21 0	+33 0	+52 0	+130 0	+6 -15	-7 -28	-14 -35	-27 -48	-33 -54
>24~30	+240 +110	+117 +65	+53 +20	+28 +7	+21 0	+33 0	+52 0	+130 0	+6 -15	-7 -28	-14 -35	-27 -48	-40 -61
>30~40	+280 +120	+142 +80	+64 +25	+34 +9	+25 0	+39 0	+62 0	+160 0	+7 -18	-8 -33	-17 -42	-34 -59	-51 -76
>40~50	+290 +130	+142 +80	+64 +25	+34 +9	+25 0	+39 0	+62 0	+160 0	+7 -18	-8 -33	-17 -42	-34 -59	-61 -86
>50~60	+330 +140	+174 +100	+76 +30	+40 +10	+30 0	+46 0	+74 0	+190 0	+9 -21	-9 -39	-21 -51	-42 -72	-76 -106
>65~80	+340 +150	+174 +100	+76 +30	+40 +10	+30 0	+46 0	+74 0	+190 0	+9 -21	-9 -39	-21 -51	-48 -78	-91 -121
>80~100	+390 +170	+207 +120	+90 +36	+47 +12	+35 0	+54 0	+87 0	+220 0	+10 -25	-10 -45	-24 -59	-58 -93	-111 -146
>100~120	+400 +180	+207 +120	+90 +36	+47 +12	+35 0	+54 0	+87 0	+220 0	+10 -25	-10 -45	-24 -59	-66 -101	-131 -166
>120~140	+450 +200	+245 +145	+106 +43	+54 +14	+40 0	+63 0	+100 0	+250 0	+12 -28	-12 -52	-28 -68	-77 -117	-155 -195
>140~160	+460 +210	+245 +145	+106 +43	+54 +14	+40 0	+63 0	+100 0	+250 0	+12 -28	-12 -52	-28 -68	-85 -125	-175 -215
>160~180	+480 +230	+245 +145	+106 +43	+54 +14	+40 0	+63 0	+100 0	+250 0	+12 -28	-12 -52	-28 -68	-93 -133	-195 -235
>180~200	+530 +240	+285 +170	+122 +50	+61 +15	+46 0	+72 0	+115 0	+290 0	+13 -33	-14 -60	-33 -79	-105 -151	-219 -265
>200~225	+550 +260	+285 +170	+122 +50	+61 +15	+46 0	+72 0	+115 0	+290 0	+13 -33	-14 -60	-33 -79	-113 -159	-241 -287
>225~250	+570 +280	+285 +170	+122 +50	+61 +15	+46 0	+72 0	+115 0	+290 0	+13 -33	-14 -60	-33 -79	-123 -169	-267 -313
>250~280	+620 +300	+320 +190	+137 +56	+69 +17	+52 0	+81 0	+130 0	+320 0	+16 -36	-14 -66	-36 -88	-138 -190	-295 -347
>280~315	+650 +330	+320 +190	+137 +56	+69 +17	+52 0	+81 0	+130 0	+320 0	+16 -36	-14 -66	-36 -88	-150 -202	-330 -382
>315~335	+720 +360	+350 +210	+151 +62	+75 +18	+57 0	+89 0	+140 0	+360 0	+17 -40	-16 -73	-41 -98	-169 -226	-369 -426
>355~400	+760 +400	+350 +210	+151 +62	+75 +18	+57 0	+89 0	+140 0	+360 0	+17 -40	-16 -73	-41 -98	-187 -244	-414 -471
>400~450	+840 +440	+385 +230	+165 +68	+83 +20	+63 0	+97 0	+155 0	+400 0	+18 -45	-17 -80	-45 -108	-209 -272	-467 -530
>450~500	+880 +480	+385 +230	+165 +68	+83 +20	+63 0	+97 0	+155 0	+400 0	+18 -45	-17 -80	-45 -108	-229 -292	-517 -580